华 章 图 书

一本打开的书，一扇开启的门，

通向科学殿堂的阶梯，托起一流人才的基石。

技术丛书

Python and Data Minning

Python与数据挖掘

张良均 杨海宏 何子健 杨坦 杨征 陈婷婷 陈玉辉 施兴◎等著

机械工业出版社
China Machine Press

图书在版编目（CIP）数据

Python 与数据挖掘 / 张良均等著 . —北京：机械工业出版社，2016.11（2021.11 重印）
（大数据技术丛书）

ISBN 978-7-111-55261-1

I. P… II. 张… III. 软件工具－程序设计 IV. TP311.56

中国版本图书馆 CIP 数据核字（2016）第 260795 号

Python 与数据挖掘

出版发行：机械工业出版社（北京市西城区百万庄大街 22 号 邮政编码：100037）
责任编辑：李 艺 责任校对：殷 虹
印 刷：北京市荣盛彩色印刷有限公司 版 次：2021 年 11 月第 1 版第 11 次印刷
开 本：186mm × 240mm 1/16 印 张：11.75
书 号：ISBN 978-7-111-55261-1 定 价：49.00 元

凡购本书，如有缺页、倒页、脱页，由本社发行部调换
客服热线：（010）88379426 88361066 投稿热线：（010）88379604
购书热线：（010）68326294 88379649 68995259 读者信箱：hzjsj@hzbook.com

Preface 前　言

为什么要写本书？

Python 是什么？

Python 是一种带有动态语义的、解释性的、面向对象的高级编程语言。其高级内置数据结构，结合动态类型和动态绑定，使其对于敏捷软件开发非常具有吸引力。同时，Python 作为脚本型（胶水）语言连接现有的组件也十分高效。Python 语法简洁，可读性强，从而能降低程序的维护成本。不仅如此，Python 支持模块和包，鼓励程序模块化和代码重用。

Python 语言的解释性使其语法更接近人类的表达和思维过程，开发程序的效率极高。习惯使用 Python 者，总习惯在介绍 Python 时强调一句话："人生苦短，我用 Python。"由于没有编译步骤，"写代码—测试—调试"的流程能被快速地反复执行。

作为一款用途广泛的语言，Python 在数据分析与机器学习领域的表现，称得上"一任群芳妒"。2016 年 3 月，国外知名技术问答社区 StackOverflow 发布了《2016 年开发者调查报告》。此调查号称是有史以来最为全面的开发者调查。其中，数据科学家的十大技术栈中，有 7 个包含 Python。具体来说，数据科学家中有 63% 正在使用 Python，44% 正在使用 R 语言。而且，27% 的人同时使用这两种语言。Python 还在"最多人使用的技术""最受欢迎技术""需求度最高技术"等榜单中名列前十。

Python 的明显优势：

- Python 作为一款优雅、简洁的开源编程语言，吸引了世界各地顶尖的编程爱好者的注意力。每天都有数量众多的开源项目更新自己的功能，作为第三方模块为其他开发者提供更加高效、便利的支持。
- Python 提供了丰富的 API 和工具，以便程序员能够轻松地使用 C、C++、Cython 来编写扩充模块，从而集成多种语言的代码，协同工作。一些算法在底层用 C 实现后，封装在 Python 模块中，性能非常高效。
- Python 受到世界各地开发者的一致喜爱，在世界范围内被广泛使用。这意味着读者可以通过查看代码范例，快速学习和掌握相关内容。
- Python 语言简单易学，语法清晰。Python 开发者的哲学是“用一种方法，最好是只有一种方法来做一件事”。通常，相较其他语言，Python 的源代码被认为具有更好的可读性。

2004 年，Python 已在 Google 内部使用，他们的宗旨是：Python where we can，C++ where we must，即在操控硬件的场合使用 C++，在快速开发时使用 Python。

总的来说，Python 是一款用于数据统计、分析、可视化等任务，以及机器学习、人工智能等领域的高效开发语言。它能满足几乎所有数据挖掘下所需的数据处理、统计模型和图表绘制等功能需求。大量的第三方模块所支持的内容涵盖了从统计计算到机器学习，从金融分析到生物信息，从社会网络分析到自然语言处理，从各种数据库各种语言接口到高性能计算模型等领域。随着大数据时代的来临，数据挖掘将更加广泛地渗透到各行各业中去，而 Python 作为数据挖掘里的热门工具，将会有更多不同行业的人加入到 Python 爱好者的行列中来。完全面向对象的 Python 的教学工作也将成为高校中数学与统计学专业的重点发展对象，这是大数据时代下的必然趋势。

本书特色

笔者从实际应用出发，结合实际例子及应用场景，深入浅出地介绍 Python 开发环境的搭建、Python 基础入门、函数、面向对象编程、实用模块和图表绘制及常用的建模算法在 Python 中的实现方式。本书的编排以 Python 语言的函数应用为主，先介绍了函数的应用场景及使用格式，再给出函数的实际使用示例，最后对函数的运行结果做出了解释，将掌握函数应用的所需知识点按照实际使用的流程展示出来。

为方便读者理解 Python 语言中相关函数的使用，本书配套提供了书中使用的示例的代码及所用的数据，读者可以从“泰迪杯”全国数据挖掘挑战赛网站（http://www.tipdm.org/ts/755.jhtml）上免费下载。读者也可通过热线电话（40068-40020）、企业 QQ（40068-40020）或以下微信公众号咨询获取。

TipDM

张良均〈大数据挖掘产品与服务〉

本书适用对象

❑ 开设有数据挖掘课程的高校教师和学生。

目前国内不少高校将数据挖掘引入本科教学中，在数学、计算机、自动化、电子信息、金融等专业开设了数据挖掘技术相关的课程，但目前这一课程的教学使用的工具仍然为 SPSS、SAS 等传统统计工具，并没有使用 Python 作为教学工具。本书提供了有关 Python 语言的从安装到使用的一系列知识，将能有效指导高校教师和学生使用 Python。

❑ 数据挖掘开发人员。

这类人员可以在理解数据挖掘应用需求和设计方案的基础上，结合本书提供的 Python 的使用方法快速入门并完成数据挖掘应用的编程实现。

❑ 进行数据挖掘应用研究的科研人员。

许多科研院所为了更好地对科研工作进行管理，纷纷开发了适应自身特点的科研业务管理系统，并在使用过程中积累了大量的科研信息数据。Python 可以提供一个优异的环境对这些数据进行挖掘分析应用。

❑ 关注高级数据分析的人员。

Python 作为一个广泛用于数据挖掘领域的编程语言，能为数据分析人员提供快速的、可靠的分析依据。

如何阅读本书

本书主要分为两大部分，基础篇和建模应用篇。基础篇介绍了有关 Python 开发环境的搭建、Python 基础入门、函数、面向对象编程、实用模块和图表绘制等基础知识。建模应用篇主要介绍了目前数据挖掘中常用的建模方法在 Python 中的实现函数，并对输出结果进行了解释，有助于读者快速掌握应用 Python 进行分析挖掘建模的方法。读者可结合本书提供的示例代码及数据进行上机实验，快速掌握书中所介绍的 Python 的使用方法。

第一部分是基础篇（1 ～ 6 章）。第 1 章旨在让读者从全局把握数据挖掘、常用工具对比、Python 开发环境的搭建以及本书的写作习惯；第 2 章正式开始讲解 Python 的基础知识，包括操作符、变量类型、流程控制、数据结构等内容；第 3、4 章主要对 Python 面向对象的特性进行介绍，包括函数、类与对象等基本概念；第 5 章介绍主流的数据分析与挖掘的模块，以及其中具体的方法及对应的功能，旨在让读者对各个模块建立强大的直觉；第 6 章继续拓展了模块的相关内容，提及图表绘制的专用模块（Matplotlib 和 Bokeh），深入浅出地展示如何方便地绘制点、线、图等。

第二部分是建模应用篇（7 ～ 11 章）。本部分主要对数据挖掘中的常用算法进行介绍，强调在 Python 中对应函数的使用方法及其结果的解释说明。内容涵盖五大主流的数据挖掘算法，包括分类与预测、聚类分析建模、关联规则分析、智能推荐和时间序列分析。按照模型建立至模型评价的架构进行介绍，使读者能熟练掌握从建模到对模型评价的完整建模过程。

勘误和支持

除封面署名外，参加本书编写工作的还有杨坦、刘名军、陈婷婷、陈玉辉、施兴、黄博、王路、黄东鑫等。由于水平有限，编写时间仓促，书中难免会出现一些错误或者不准确的地方，恳请读者批评指正。本书内容的更新将及时在“泰迪杯”全国数据挖掘挑战赛网站（www.tipdm.org）上发布。读者可通过作者微信公众号 TipDM（微信号：TipDataMining）、TipDM 官网（www.tipdm.com）反馈有关问题。也可通过热线电话（40068-40020）或企业 QQ（40068-40020）进行咨询。

如果您有更多的宝贵意见，欢迎发送邮件至邮箱 13560356095@qq.com，期待能够得到您的真挚反馈。

致谢

本书编写过程中得到了广大高校师生的大力支持！在此谨向华南农业大学、华南师范大学、广东工业大学、广东技术师范学院、华南理工大学、韩山师范学院、中山大学、贵州师范学院等单位给予支持的领导及师生致以深深的谢意。

在本书的编辑和出版过程中还得到了参与“泰迪杯”全国数据挖掘挑战赛（http://www.tipdm.org）的众多师生及机械工业出版社杨福川老师无私的帮助与支持，在此一并表示感谢。

张良均

目录 *Contents*

Part 1

第一部分

基 础 篇

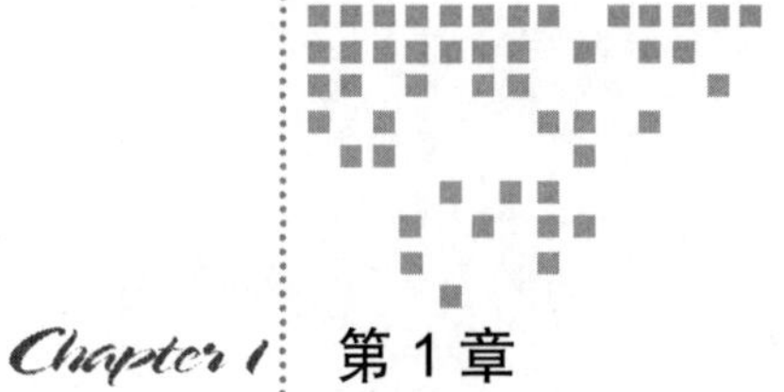

Chapter 1　第 1 章

数据挖掘概述

广义的数据挖掘是指针对收集的大规模数据，应用整套科学工具和挖掘技术（如数据、计算、可视化、分析、统计、实验、问题定义、建模与验证等），从数据之中发现隐含的、对决策有参考意义的信息、价值和趋势。因此，数据挖掘是一个横跨多学科的计算机科学分支。强调它隶属计算机科学范畴，是希望读者认识到这个领域的核心需求，尽早摆脱对编程实现的恐惧，避免陷入“数据挖掘只需将模型或算法套用于数据集之上”的误区。这也是本书的写作目的之一。

1.1　数据挖掘简介

随着计算机技术的全面发展，企业生产、收集、存储和处理数据的能力大大提高，数据量与日俱增。数据的积累实质上是企业的经验和业务的沉淀。越来越多的企业引入“数据思维”——不只是依赖于数据的统计分析，更强调对数据进行挖掘，期待从这一“未来世界的石油”中发现潜在的价值。这一迫切的“开采”需求在世界范围内酝酿了一次“大数据”变革。

数据挖掘的确是 21 世纪最具话题性的技术之一，包含数据预处理、算法应用、模型评价、结果检验等多个部分，并依靠其丰富的内涵向外延伸出数据分析、数据 ETL、机器学习等多个领域。

1.2　工具简介

数据挖掘软件的历史并不长，甚至连“数据挖掘”这个术语也是在19世纪90年代中期才正式被提出。如今，商用数据挖掘软件和开源工具都已经非常成熟，不仅提供易用的可视化界面，还集成了数据处理、建模、评估等一整套功能。

部分开源的数据挖掘软件，采用可视化编程的设计思路。之所以这么做，是因为它能足够灵活和易用，更适合缺乏计算机科学知识的用户，如WEKA和RapidMiner。

当用户拥有较多特定的分析需求，或正在自行实现一个改进的机器学习算法时，脚本型语言如Python和R将更符合需要。同时，脚本型语言兼具运行效率和开发效率，支持敏捷型的迭代更新。

1.2.1　WEKA

用Java编写的WEKA是一款知名的数据挖掘工作平台，它因解决数据挖掘任务的实际需求而生，集成了大量能处理数据挖掘任务的机器学习算法，这些算法能被用户直接应用于数据集之上。同时，WEKA允许开发者使用Java语言，调用其分析组件，基于WEKA的架构进行二次开发，融入更多的数据挖掘算法，并嵌入到软件或者应用之中，自动完成数据挖掘任务，开发新的机器学习框架。

WEKA支持多种标准数据挖掘任务，包括数据预处理，分类、回归分析、聚类、关联规则等算法的应用，以及特征工程和可视化。其欢迎界面如图1-1所示。

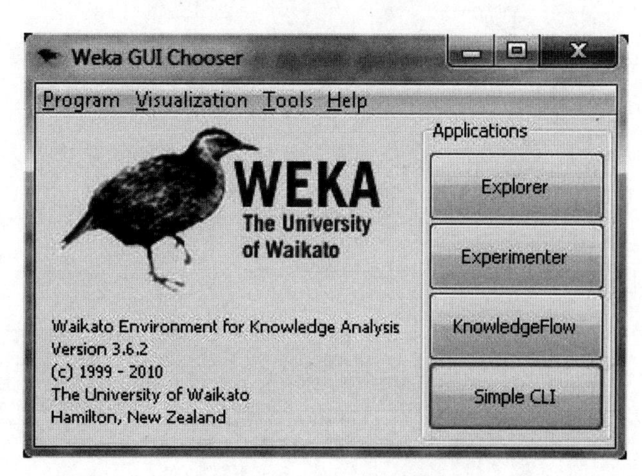

图1-1　WEKA欢迎界面

1.2.2 RapidMiner

RapidMiner 的目标是：“成为一个能将数据变成宝贵的战略资产的现代平台”，已被广泛使用于商业应用、学术研究、教育、敏捷开发等领域。

RapidMiner 是一个支持数据挖掘、文本挖掘、机器学习、商业分析等任务的集成环境，如图 1-2 所示。其图形化界面采用了类似 Windows 资源管理器中的树状结构来组织分析组件，提供 500 多种分析组件作为计算单元（Operator），服务于数据挖掘的各个环节，如数据预处理、变换、探索、建模、评估及结果可视化。这些计算单元有详细的 XML 文件记录。

RapidMiner 是基于 WEKA 二次开发的应用，这意味着它可以调用 WEKA 中的各种分析组件。

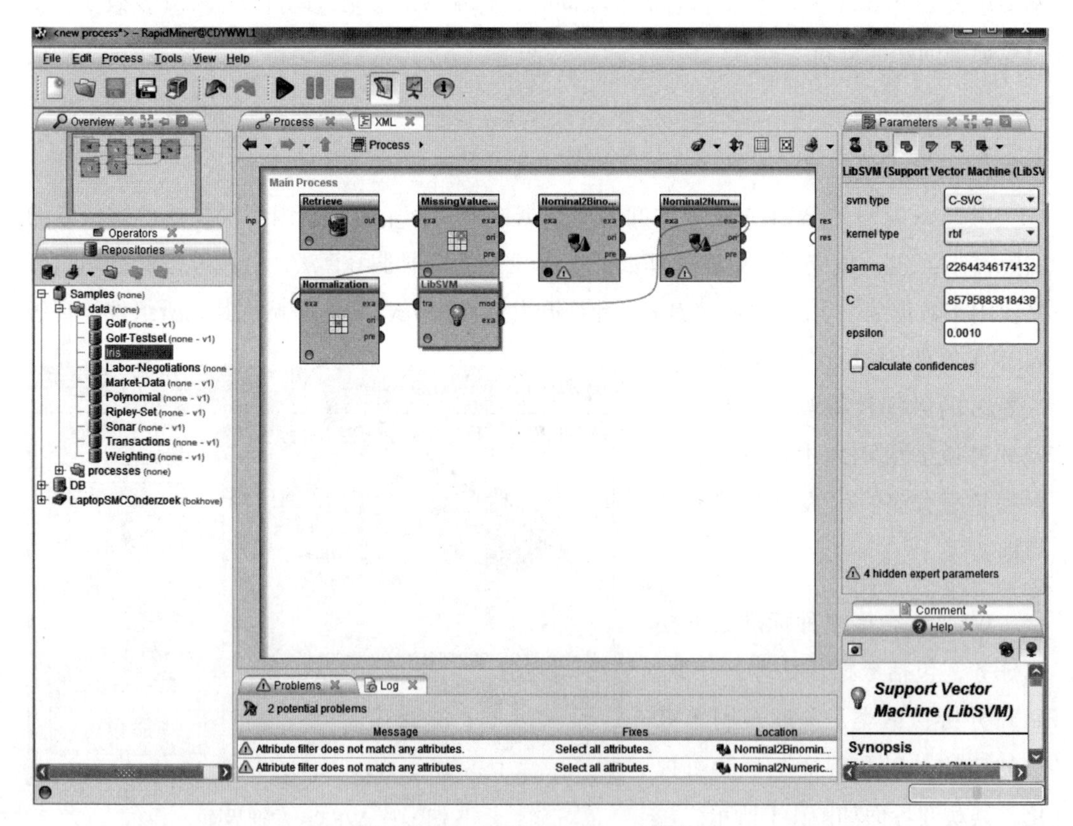

图 1-2 RapidMiner Studio 工作界面

1.2.3 Python

Python是一门编程语言。随着NumPy、SciPy、Matplotlib和Pandas等众多程序库的开发，Python在科学计算和数据分析领域占据着越来越重要的地位。在大多数数据任务上，Python的运行效率已经可以媲美C/C++语言。2016年2月11日，科学家宣布：人类在去年9月首次直接探测到了引力波！引力波高峰只持续了四分之一秒，同时仪器接收了大量干扰噪声，需要处理的数据量以TB计，如图1-3所示。其中，Python的GWPY模块提供专业的数据分析支持。

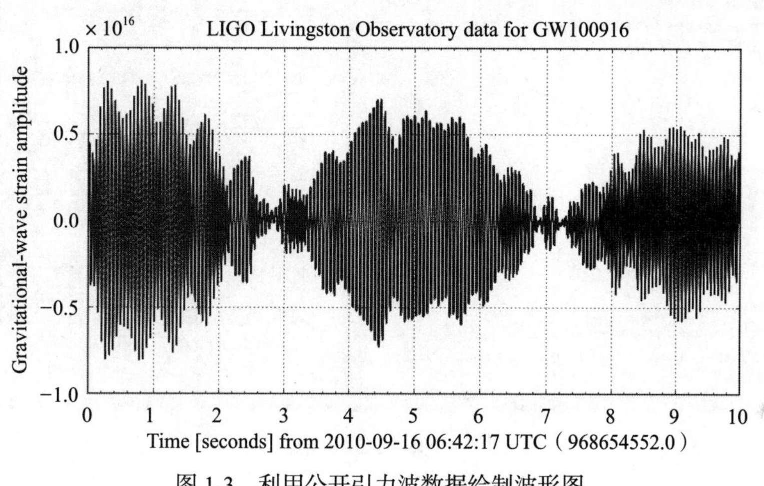

图1-3　利用公开引力波数据绘制波形图

1.2.4 R

R语言是一种为统计计算和图形显示而设计的语言环境，是贝尔实验室（Bell Laboratory）的Rick Becker、John Chambers和Allan Wilks开发的S语言的一种实现，包含一系列统计与图形显示工具，如图1-4所示。它是由一个庞大且活跃的全球性研究型社区维护，主要包括核心的标准包和各个专业领域的第三方包，提供丰富的统计分析和数据挖掘功能。

R语言至少拥有以下优势：①方便地从各种类型的数据源中获取数据；②高可拓展性；③出色的统计计算功能；④顶尖水准的制图功能；⑤不断贡献强大功能的开源社区。它与Python同属数据挖掘主流编程语言，而从功能与代码风格的角度来评价，R与MATLAB是最像的。

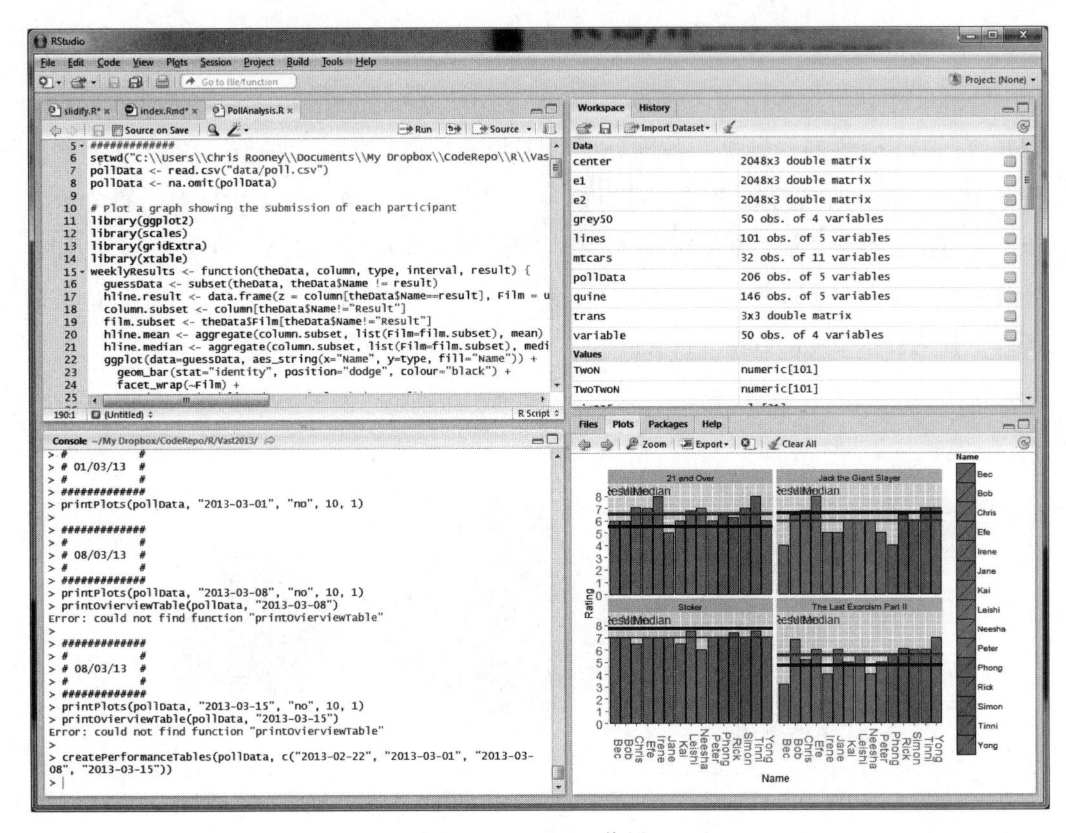

图 1-4　R-Studio 工作界面

1.3　Python 开发环境的搭建

所谓编程语言，意指“与计算机交流时使用的语言”。它是一种被标准化的交流技巧，用于连接程序员的思维和计算机的操作。学习编程语言的第一关，就是安装和环境配置。我们必须与计算机约定如何理解代码、指令和语法，才能够顺利地与计算机交流，赋予它复杂的功能。Python 便是其中的一种“方言”。

本节将向大家详细介绍，如何在不同的操作系统上快捷地使用 Python 进行编程实现。

1.3.1　Python 安装

对于新手，Python 及其第三方模块在安装环节有许多已知的难题。比如源码编译的安装方式、环境变量的配置、不同模块之间的版本依赖问题。如果陷入其中的某一个泥潭之中，将浪费初学者大量的时间，消磨热情。当然，如果读者能独立克服，就能熟悉相关的重要概念，大有裨益。

为了能让读者顺利阅读本书的后续内容，以及避免不必要的麻烦，我们将采用更加简单的安装方式。本书使用的是 Python 的科学计算发行版——Anaconda。除 Python 本身之外，Anaconda 囊括了科学计算和数据分析所需的主流模块，独立的包管理工具 Conda[1] 以及两款不同风格的编辑器 Jupyter 和 Spyder，具有开源精神且支持学术用途的免费额外性能提升。官方软件下载地址为：https://www.continuum.io/downloads。

注意　本书使用的是当前主流的 Python 2.7 版本，有较多的网络参考资料。截至本书完稿时，Python 作者宣布 Python 2.x 系列将会在 2020 年停止更新，Python 2.7 是最后一个版本。Python 3.x 拥有一系列重大的更新，包括一些基础的语法。在未来的日子里，越来越多的主流模块将逐渐转向 Python 3.x 版本。在社区真正成熟之前，我们建议入门级读者先熟练使用 Python 2.7。

---

1. Windows 下安装 Python

Anaconda 的存在使得在 Windows 系统中安装 Python 得到极度简化，直接前往官方网站找到对应的下载内容（图 1-5），并选择 Python 2.7 对应的安装包，注意区分 32 位和 64 位的版本。

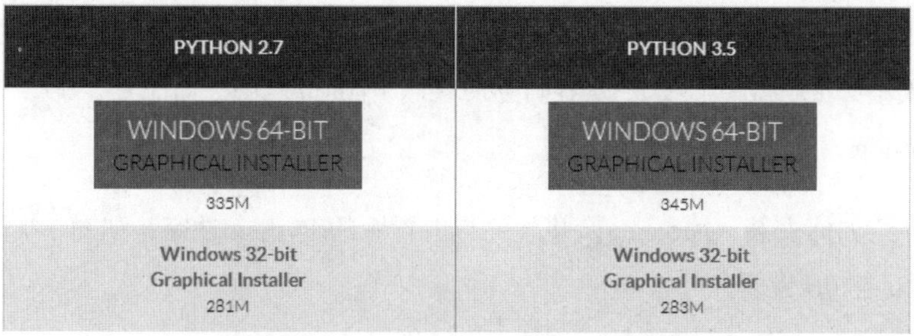

PYTHON 2.7	PYTHON 3.5
WINDOWS 64-BIT GRAPHICAL INSTALLER 335M	WINDOWS 64-BIT GRAPHICAL INSTALLER 345M
Windows 32-bit Graphical Installer 281M	Windows 32-bit Graphical Installer 283M

图 1-5　Windows 下 Anaconda 的两个主要版本

下载后运行 Anaconda 的安装程序，这里大部分的操作和一般软件的安装无异，需要

[1] Conda 在升级模块时，能够递归地寻找需要升级的前置模块，自行解决模块的版本依赖问题。

注意的是：如图 1-6 所示，Anaconda 默认会自动改写环境变量配置参数，使得用户能在任何的路径下使用 Python 命令行模式。

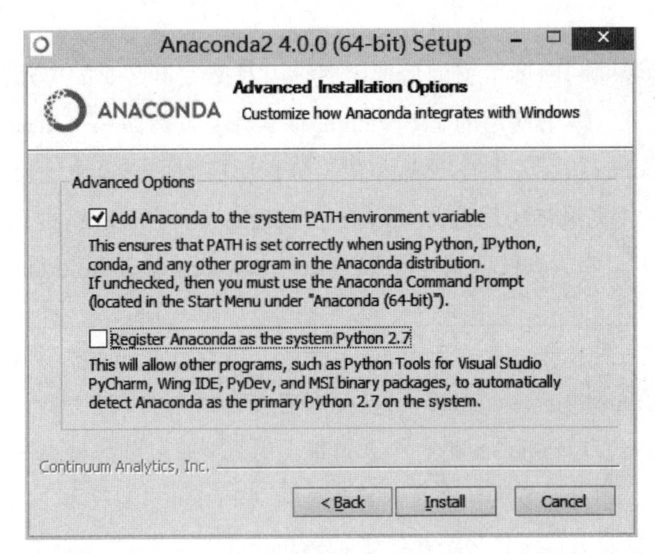

图 1-6 Anaconda 安装界面

如果读者自行安装原始的 Python 版本，极容易忽略这一步，从而走入思维的盲区，导致永远不能自行安装成功。这也是我们推荐使用科学计算发行版 Anaconda 的原因。

2. Linux 下安装 Python

大多数 Linux 发行版，如 CentOS、Debian、Ubuntu 等，都已经自带了 Python 2.x 的主程序。因此，额外安装 Anaconda 需要做好管理的工作，避免两个不同版本的 Python 冲突，导致不必要的错误。如果读者确定内置版 Python 能够兼容书中代码，亦可不额外安装 Anaconda。

下面介绍如何安装 Anaconda，并避免与内置版的 Python 冲突，如图 1-7 所示。本教程以 Ubuntu 16.06 为例。

1）前往官方网站下载对应版本的 Anaconda，默认情况下，Linux 会自动将下载所得文件归档在“下载”文件夹中。

2）假设下载所得文件在“下载”这一文件夹中，如果不是，请替换路径，并输入下面的命令，以执行批处理指令，安装 Anaconda。

```
$ bash ~/ 下载 /Anaconda2-4.0.0-Linux-x86_64.sh
```

```
rui@rui: ~
rui@rui:~$ bash ~/下载/Anaconda2-4.0.0-Linux-x86_64.sh

Welcome to Anaconda2 4.0.0 (by Continuum Analytics, Inc.)

In order to continue the installation process, please review the license
agreement.
Please, press ENTER to continue
>>> 
```

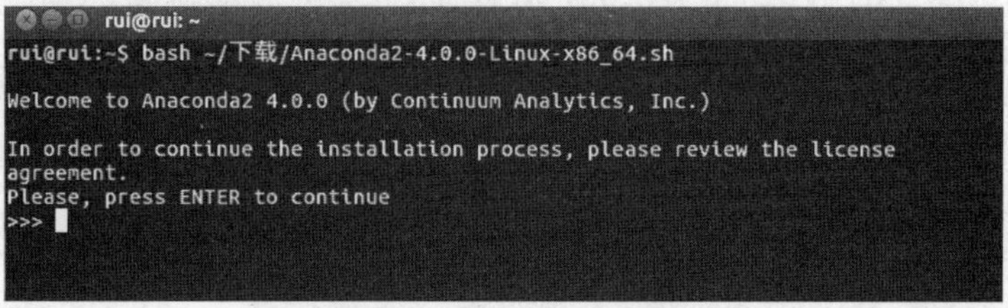

图 1-7　Anaconda 安装界面

安装过程中，将会在屏幕上打印出用户协议许可，你需要利用 Enter 继续阅读。阅读至文件末尾，输入 yes 并敲击 Enter 键来表示你同意以上内容并使用默认路径开始安装。

3）如图 1-8 所示，输入 yes 来确认允许 Anaconda 为你自动配置环境变量 PATH。

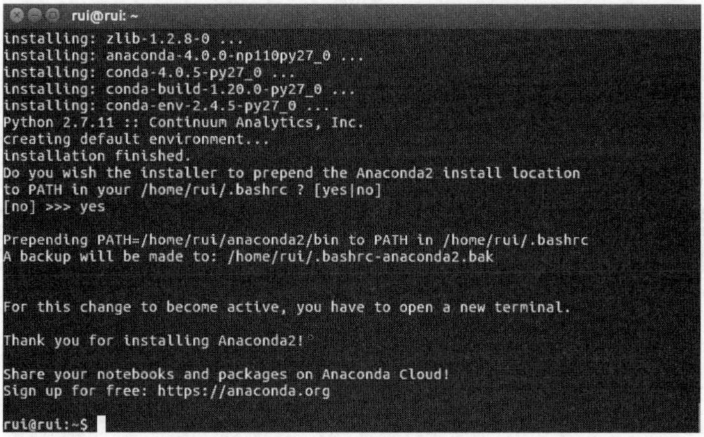

```
rui@rui: ~
installing: zlib-1.2.8-0 ...
installing: anaconda-4.0.0-np110py27_0 ...
installing: conda-4.0.5-py27_0 ...
installing: conda-build-1.20.0-py27_0 ...
installing: conda-env-2.4.5-py27_0 ...
Python 2.7.11 :: Continuum Analytics, Inc.
creating default environment...
installation finished.
Do you wish the installer to prepend the Anaconda2 install location
to PATH in your /home/rui/.bashrc ? [yes|no]
[no] >>> yes

Prepending PATH=/home/rui/anaconda2/bin to PATH in /home/rui/.bashrc
A backup will be made to: /home/rui/.bashrc-anaconda2.bak


For this change to become active, you have to open a new terminal.

Thank you for installing Anaconda2!

Share your notebooks and packages on Anaconda Cloud!
Sign up for free: https://anaconda.org

rui@rui:~$ 
```

图 1-8　安装过程

4）当看到图 1-9 中的欢迎信息之后，代表已经成功安装 Anaconda。然后我们执行下面的命令，将 Anaconda 的位置加载至环境变量 PATH 的开头，使得当我们使用 Python 时，总是优先使用 Anaconda 版。

```
$ export PATH="$HOME/anaconda2/bin:$PATH"
```

之后，我们可以直接输入 python，以检查是否能够正确使用 Anaconda 版的 Python。

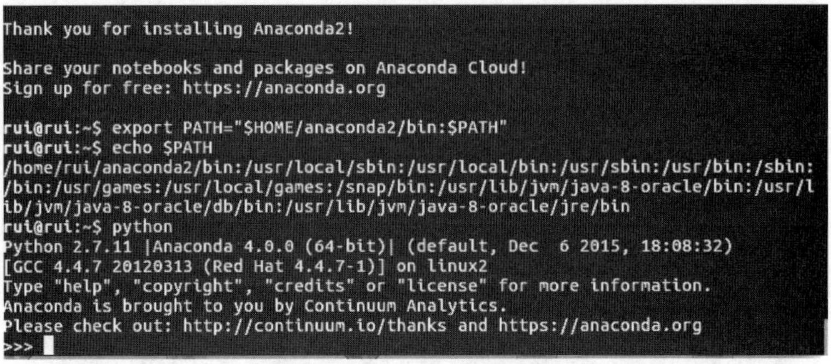

```
Thank you for installing Anaconda2!

Share your notebooks and packages on Anaconda Cloud!
Sign up for free: https://anaconda.org

rui@rui:~$ export PATH="$HOME/anaconda2/bin:$PATH"
rui@rui:~$ echo $PATH
/home/rui/anaconda2/bin:/usr/local/sbin:/usr/local/bin:/usr/sbin:/usr/bin:/sbin:
/bin:/usr/games:/usr/local/games:/snap/bin:/usr/lib/jvm/java-8-oracle/bin:/usr/l
ib/jvm/java-8-oracle/db/bin:/usr/lib/jvm/java-8-oracle/jre/bin
rui@rui:~$ python
Python 2.7.11 |Anaconda 4.0.0 (64-bit)| (default, Dec  6 2015, 18:08:32)
[GCC 4.4.7 20120313 (Red Hat 4.4.7-1)] on linux2
Type "help", "copyright", "credits" or "license" for more information.
Anaconda is brought to you by Continuum Analytics.
Please check out: http://continuum.io/thanks and https://anaconda.org
>>>
```

图 1-9　手动改写优先级

3. Mac 下安装 Python

类似 Windows 下的安装，Mac OS X 系统用户可以直接前往官方网站下载一个图形化安装程序。同时，因为 OS X 系统是基于 UNIX 内核开发的，所以我们也能够打开终端，通过命令行的方式来安装。这里主要叙述利用终端安装的方法。

1）下载 OS X 下对应版本的 Anaconda，如图 1-10 所示。

> **注意** 利用终端安装 Anaconda 实际上是在进行“源码编译”。后续步骤中需要的是二进制文件（Command-Line Installer），而非图形化的安装界面（Graphical Installer）。

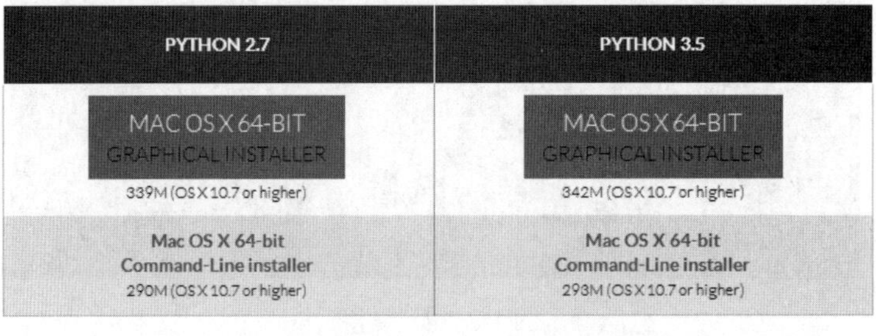

PYTHON 2.7	PYTHON 3.5
MAC OS X 64-BIT GRAPHICAL INSTALLER 339M (OS X 10.7 or higher)	MAC OS X 64-BIT GRAPHICAL INSTALLER 342M (OS X 10.7 or higher)
Mac OS X 64-bit Command-Line installer 290M (OS X 10.7 or higher)	Mac OS X 64-bit Command-Line installer 293M (OS X 10.7 or higher)

图 1-10　OS X 下 Anaconda 的两个主要版本

2）按下 Alt + Space，打开 Search 界面，输入 terminal，单击搜索出来的“Terminal”（终端）图标。

3）输入下面的命令，执行批处理指令，安装 Anaconda，如图 1-11 所示。

```
$ bash~/Downloads/Anaconda2-4.0.0-MacOSX-x86_64.sh
```

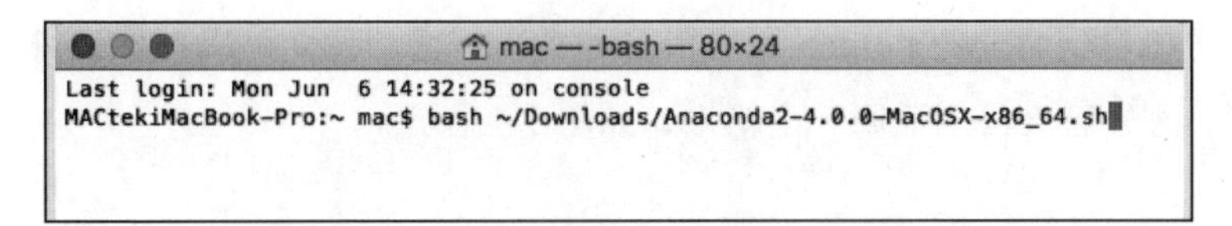

图 1-11　OS X 中安装 Anaconda

安装过程中，将会在屏幕上打印出用户协议许可，你需要利用 Enter 继续阅读。阅读至文件末尾，输入 yes 并敲击 Enter 键来表示你同意以上内容并使用默认路径开始安装。

4）输入 yes 来确认允许 Anaconda 为你自动配置环境变量 PATH。

5）与 Linux 下安装类似，同样需要将 Anaconda 的位置加载至环境变量 PATH 的开头，使得当我们使用 Python 时，总是优先使用 Anaconda 版。

```
$ export PATH="$HOME/anaconda2/bin:$PATH"
```

之后，我们可以直接输入 python，以检查是否能够正确使用 Anaconda 版的 Python。

1.3.2　Python 初识

1. 命令行版本的 Python Shell-Python（Command）

以 Windows 系统为例，安装 Python 后，你可以在开始菜单中，找到对应的 Command Line 版本的 Python Shell，或者同时按下 Win + R 键，输入 cmd 并按回车，打开命令窗口，如图 1-12 所示。在命令窗口中输入 python 即可使用进入 Python 的命令行模式。

```
C:\Windows\system32\cmd.exe - python
Microsoft Windows [版本 6.3.9600]
(c) 2013 Microsoft Corporation。保留所有权利。

C:\Users\ORamon>python
Python 2.7.11 |Anaconda 4.0.0 (64-bit)| (default, Feb 16 2016, 09:58:36) [MSC v.
1500 64 bit (AMD64)] on win32
Type "help", "copyright", "credits" or "license" for more information.
Anaconda is brought to you by Continuum Analytics.
Please check out: http://continuum.io/thanks and https://anaconda.org
>>>
```

图 1-12　Python 命令行窗口（1）

其中，可以看到对应的 Python 版本信息和系统信息。我们可以在标识符“>>>”后面输入代码，程序就会马上返回一个结果，如图 1-13 所示。

```
C:\Windows\system32\cmd.exe - python
Microsoft Windows [版本 6.3.9600]
(c) 2013 Microsoft Corporation。保留所有权利。

C:\Users\ORamon>python
Python 2.7.11 |Anaconda 4.0.0 (64-bit)| (default, Feb 16 2016, 09:58:36) [MSC v.
1500 64 bit (AMD64)] on win32
Type "help", "copyright", "credits" or "license" for more information.
Anaconda is brought to you by Continuum Analytics.
Please check out: http://continuum.io/thanks and https://anaconda.org
>>> a = 6
>>> a
6
>>>
```

图 1-13 Python 命令行窗口（2）

Python Shell 是交互式 Shell，交互式是指当你输入代码到 Python Shell 中时就可以动态地看到相应的返回结果。

2. 带图形界面的 Python Shell-IDLE（Python GUI）

下面将要介绍的是带图形界面的 Python GUI。在 Windows 下的所有程序上搜索 IDLE，就可以直接打开 Python Shell-IDLE。打开后界面如图 1-14 所示。

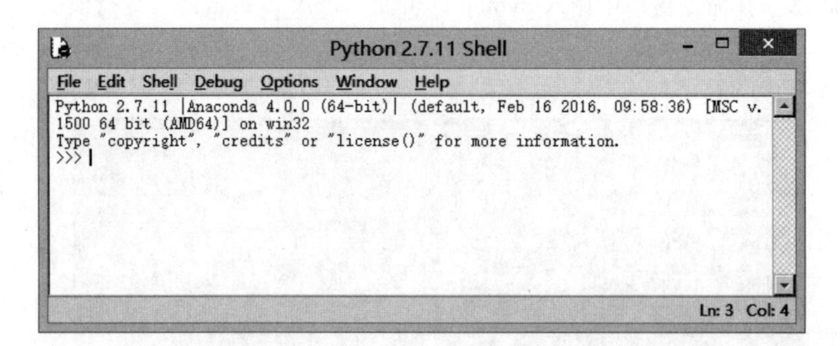

图 1-14 Python GUI

我们同样可以在这个界面上输入代码，结果和在 Command Line 上输入的结果一样。但在这个界面上我们可以通过菜单栏的 File –> New File 创建 Python 脚本，在 Python 脚本上写多行代码，保存为 .py 文件后并运行该脚本，而在 Command Line 上运行多行代码只能一行接着一行输入并按回车输出，显得十分繁琐。运行 Python 脚本实际上也是按顺序运行每行的代码，运行脚本后将回到 Python GUI 界面，这时候 Python 已经存储脚本运行后的数据，我们可以在界面上继续输入代码，如图 1-15 所示。本书的代码都会放在 Python 脚本中，方便读者阅读和运行。

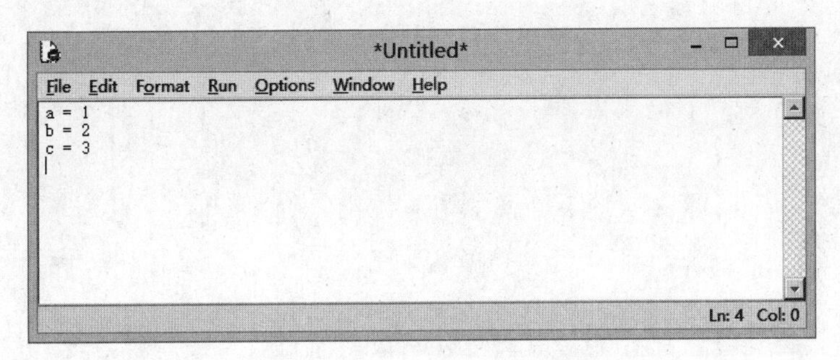

图 1-15　Python GUI 脚本界面

3. 第三方 Python IDE

IDE 是集成开发环境（Integrated Development Environment）的英文简称。而第三方 IDE 通常聚合了更强大的功能，包括代码版本管理、项目代码管理、代码自动补全等。PyCharm 就是这样一个跨平台的、多功能的集成开发环境，主要分为免费社区版（见图 1-16）和付费商业版。

图 1-16　PyCharm 社区版

如图 1-17 所示，在选择创建项目以及确定项目存储路径之后，我们能看到一个清晰简洁的界面。左侧栏是项目管理窗口，负责组织 Python 实现的项目中所涉及的全部代码和数据文件。右边是正式的编辑区。在选择创建新的 Python File 之后，将能配合内置的自动补全、代码提示、调试运行功能进行代码的编辑、改正和优化。同时，它还能自动结合 Git 进行代码版本控制。有兴趣的读者可以自行查找资料。当我们需要做一个大型项目，代码量较多时，用带有项目管理功能的 PyCharm 会更加方便。

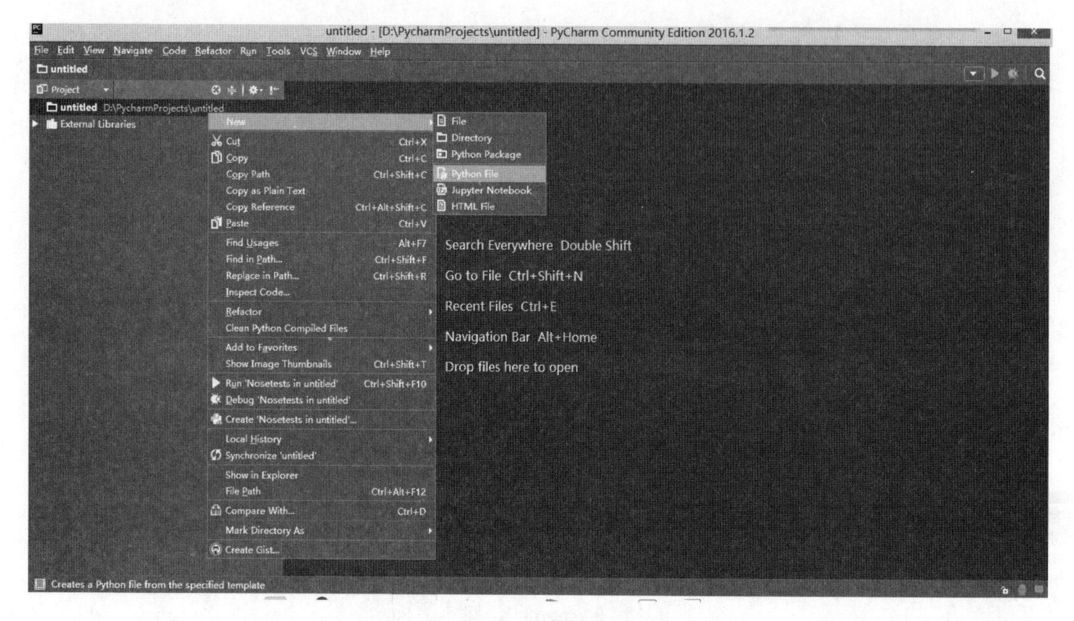

图 1-17 PyCharm 新建 Python File

1.3.3 与读者的约定

1. 排版格式说明

本书的示例代码格式分为两种，一种是 Python IDLE 的命令行代码，带有“>>>”。命令行代码可能马上会返回结果，这个结果会紧贴在命令行代码的下一行，结果的输出不带有“>>>”。

例如：

```
>>>x = 1
>>>x
1
```

另一种格式是带有上下分隔线的代码清单，这种格式用于展示某个完整的知识点。为读者阅读方便，当代码清单出现输出语句时，我们都把输出结果放在下一行，并用注释“# result:”标示 。如代码清单 1-1 所示：

代码清单 1-1 某个知识点

```
print 1
# result: 1
```

```
print 'Hello Python'
# result:
Hello Python
```

其中“1-1”表示第1章第1个代码清单。为了叙述方便，一个完整的程序可能被拆分到多个代码清单中，在同一小节中的后续代码中，有可能会沿用先前已声明的变量。

2. 示例代码使用说明

本书默认支持的Python版本为2.7.11，其中书中讲解的模块对应的版本号如表1-1所示。

表1-1　模块版本说明

模块名称	版本号
NumPy	1.10.4
Pandas	0.18.0
SciPy	0.17.0
scikit-learn	0.17
Matplotlib	1.5.1
Bokeh	0.11.1

本书附件资源按照章节组织，在代码附件的目录下会有第1章、第2章、第3章等子章节目录。在章节目录下包含了2个文件夹：“示例程序”文件夹和“上机实验”文件夹。“示例程序”文件夹包含3个子目录：code、data、tmp。其中，code包含正文中每个章节的全部代码清单；data包含代码清单中所使用的数据文件；tmp文件夹中包含示例程序运行的结果文件。在部分章节中，上述3个文件夹可能为空。“上机实验”文件夹主要针对每章最后的上机实验，给出了上机实验的参考答案。其子目录结构与示例程序一致。

读者下载附件资源后[⊖]，直接使用Python运行对应的代码脚本（.py）即可观察结果。值得注意的是，使用Anaconda的读者只需保持目录结构即可完整运行程序，自行安装Python的读者，请确保你的模块版本与表1-1一致。

1.4　小结

本章着重介绍了数据挖掘及推荐使用的数据挖掘工具，旨在让读者对数据挖掘形成初步感觉，逐渐培养成熟的大局观。其次，深入介绍并对比了多种工具，如WEKA，Python等，从宏观角度把握不同工具的特点和特性。本书是基于Python讲解，所以最后又重点介绍了Python开发环境的搭建，展示了三类主流操作系统的完整安装过程，并介绍了三种编写脚本的风格，还向读者说明了本书的正确使用方式，以帮助读者更好地阅读本书。

⊖ 具体资源下载地址见前言内容。——编辑注

Chapter 2 第2章

Python 基础入门

本章是 Python 的基础章节，读者可以在这章中学习到丰富的 Python 基础知识。首先我们会从操作符和最简单的数字数据入手，然后就是流程控制，到这里读者能够对 Python 程序结构有一个清晰的认识。接着是较复杂的数据结构，主要涉及 Python 最常用的五大内建数据类型：列表，字符串，元组，字典和集合。这部分重点对这些数据结构的用法进行讲述，由于内容有限，并没有太多涉及它们的时间复杂度、空间复杂度和源码编写。我们并不认为这是可以忽略的，建议读者查阅其他资料对数据结构的复杂度有一定的认识。本章最后讲述的是 Python 的文件读写操作，读者可以了解到 Python 是如何同本地的文件进行交互。如果你是零基础学习 Python 的话，通过本章的学习你已经能够使用 Python 实现很多很多算法了。

2.1 常用操作符

Python 的常用操作符可分为 4 种，分别为算术操作符、赋值操作符、比较操作符和逻辑操作符。算术操作符一般会返回一个数，而比较和逻辑操作符会返回布尔值 True 或 False。我们需要注意操作符的运算优先级，否则将得到与我们预料不符的结果。如果想改变运算的优先级，可以使用小括号。下面将逐一介绍每种操作符。

2.1.1 算术操作符

值得注意的是取商运算和除法运算。对于除法运算，如果除号两侧的值都是整数，那么得到的结果是一个向下取整的整数。如果其中一个是浮点数，那么得到的结果最多保留 17 位有效数字。而取商运算正好与前面的相反，无论“//”两侧的值是浮点数还是整数，返回的结果都会向下取整，但其数据类型是小数点后有一位小数 0 的浮点数，如表 2-1 所示。

表 2-1 算术操作符

操作符	描述	实例
+	加法：返回两操作数相加的结果	3+2 返回 5
−	减法：返回左操作数减去右操作数的结果	3−2 返回 1
*	乘法：返回两操作数相乘的结果	3*2 返回 6
/	除法：返回右操作数除左操作数的结果	3/2 返回 1 但 3.0/2 返回 1.5
%	模：返回右操作数对左操作数取模的结果	5/3 返回 2
**	指数：对操作数执行指数运算的计算	3**2 返回 9
//	取商：返回右操作数对左操作数取商的结果	3.0//2 返回 1.0

2.1.2 赋值操作符

赋值操作符主要是“=”，其他都是运算操作符和“=”的结合，其存在意义都是简化代码，见表 2-2。

表 2-2 赋值操作符

操作符	描述	例子
=	简单的赋值运算符，将右侧操作数赋值给左侧操作数	c=a+b 将 a 和 b 相加的值赋值给 c
+=	加法 AND 赋值操作符，左操作数加上右操作数，并将结果赋给左操作数	c += a 相当于 c = c + a
−=	减法 AND 赋值操作符，左操作数减去右操作数，并将结果赋给左操作数	c −= a 相当于 c = c − a
*=	乘法 AND 赋值操作符，左操作数乘以右操作数，并将结果赋给左操作数	c *= a 相当于 c = c * a
/=	除法 AND 赋值操作符，左操作数除以右操作数，并将结果赋给左操作数	c /= a 相当于 c = c / a
%=	模量 AND 赋值操作符，它需要使用两个操作数的模量，并将结果分配给左操作数	c %= a 相当于 c = c % a
**=	指数 AND 赋值操作符，执行指数（功率）计算操作符，并将结果赋值给左操作数	c **= a 相当于 c = c ** a
//=	取商 AND 赋值操作符，执行取商并将结果赋值给左操作数	c //= a 相当于 c = c // a

2.1.3 比较操作符

Python 的比较操作符与 Java 和 C 类似，同样很简单，如表 2-3 所示。

表 2-3 比较操作符

操作符	描述	实例
==	如果两个操作数的值相等则返回 True，否则返回 False	3==2 返回 False
!=	如果两个操作数的值不等则返回 True，否则返回 False	3!=2 返回 True
<>	与 != 效果相同	3<>2 返回 True
>	如果左操作数大于右操作数则返回 True，否则返回 False	3>2 返回 True
<	如果左操作数小于右操作数则返回 True，否则返回 False	3<2 返回 False
>=	如果左操作数大于或等于右操作数则返回 True，否则返回 False	3>=3 返回 True
<=	如果左操作数小于或等于右操作数则返回 True，否则返回 False	2<=2 返回 True

2.1.4 逻辑操作符

Python 的逻辑操作符有 and、or、not，分别对应逻辑学的与、或、非，如表 2-4 所示。逻辑操作符的两端一般是布尔值数据。

表 2-4 逻辑操作符

操作符	描述	实例
and	逻辑与操作符。当且仅当两个操作数均为真则返回真，否则返回假	True and False 返回 False
or	逻辑或操作符。当且仅当有两个操作数至少一个为真则返回真，否则返回假	True or False 返回 True
not	逻辑非操作符。用于反转操作数的逻辑状态	not True 返回 False

2.1.5 操作符优先级

表 2-5 列出了上面提及的操作符的优先级（从最高到最低）。

表 2-5 操作符优先级

操作符	描述	操作符	描述
**	幂	<> == !=	比较操作符
* / % //	乘，除，取模，取商	= %= /= //= -= += *= **=	赋值操作符
+ -	加，减	in not in	成员操作符
<= < >>=	比较操作符	not or and	逻辑操作符

2.2　数字数据

这节我们将探讨 Python 最基本的赋值语句和数字的数据类型。

2.2.1　变量与赋值

变量是我们广为熟悉的概念。程序语言中的变量和数学上的变量类似，如果需要对 x 赋值 3，执行下面语句：

```
>>> x = 3
```

这样程序将会为变量 x 申请地址并存储它。“=”的这个操作称为赋值。如果再执行：

```
>>>x*2
6
```

那么结果返回 3*2 的值，但注意运行后 x 的值仍为 3，如果希望保存 6 的值，可写成 x=x*2 或 x*=2。不过，Python 的变量是不可变对象，读者可能会感到疑惑，x*=2 这个语句就已经让 x 的值发生了改变，为什么还说变量是不可变的呢？实际上，如果变量的值发生改变，Python 会自动创建另一个对象申请另一块的内存，并改变变量的对象引用，如图 2-1 所示。这样做的优点是减少了重复的值对内存空间的占用，而缺点则是每次修改变量都需要重新开辟内存单元，给执行效率带来一定影响。下面的代码清单 2-1 给出了一个例子。

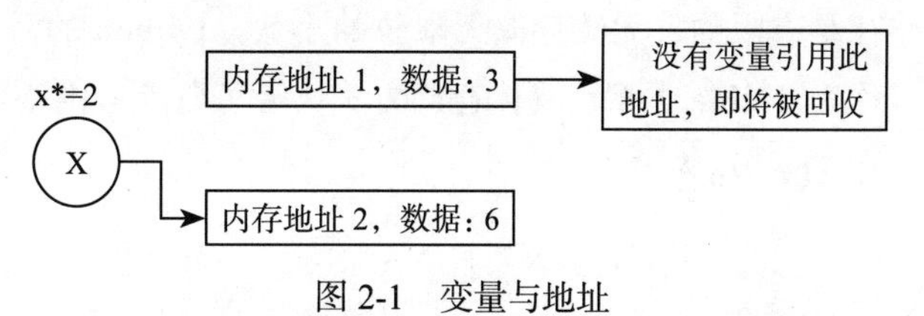

图 2-1　变量与地址

代码清单 2-1　变量与赋值

```
print '''变量与赋值'''
x=3
print x
# result: 3
print id(x)  # 查看 x 的内存地址，每次运行都会发生变化
#result: 39011144
x*=2
print x
#result: 6
```

```
print id(x)  # 再次查看x的内存地址，每次运行都会发生变化，但内存必然会变化
#result: 39011108
```

* 代码详见：示例程序 /code/2-2.py

2.2.2 数字数据类型

数字的基本数据类型可分为整数、浮点数、布尔值。创建变量时，Python 不需要声明数据类型，Python 能够自动识别数据类型。*x*=3 的数据类型是整数，而 *x*=3.3 的数据类型是浮点数，函数 type（*x*）可以查看数据的数据类型。布尔值只有 True 和 False 两种值，支持 and、not、or 三种运算，这在 2.1.4 节中已经介绍到。

和数学运算不同的地方是，Python 的整数结果仍然是整数，如果操作符两端其中一个操作数是浮点数，那么运算结果是浮点数。如：

```
1+2=> 整数 3
1.0+2=> 浮点数 3.0
```

整数运算的结果永远是精确的，而浮点数运算的结果不一定是精确的。计算机的内存是有限的，无法存储无限位的小数。Python 的浮点数实际上是双精度浮点数，在 C 中称为 double 类型，具体存储方式读者可以参考维基百科⊖。举一个丢失精度的例子，如果在 Shell 输入：

```
>>>1/10**9*10**9
>>>0
```

结果返回 0，这是因为 1 除以 10 的 9 次方的数太小，计算机只存储到前面的 0，除法过后返回了结果 0，然后 0 乘以任何数都返回 0，最后导致精度的丢失。所以在数值计算算法的设计上，常常要考虑精度丢失的问题，有时候一个好的办法是改变运算顺序：

```
>>>1*10**9/10**9
>>>1
```

2.3 流程控制

流程控制是一门程序语言的基本，掌握 Python 流程控制语句就已经能够实现很多

⊖ http://en.wikipedia.org/wiki/Double_precision。

算法了。本节主要介绍 Python 的条件分支结构 if 语句和两种主要循环结构 while 语句和 for 语句，并在最后详细讲解 Python 函数的用法。如果读者有一定的编程基础，对条件分支、循环和函数这 3 种结构比较熟悉，那么本节的内容是简单的。如果读者初入编程，请认真阅读本节，这些内容是你日后编程的基础。

2.3.1 if 语句

如果你的任务是输出两个数 a 和 b 之间的较大者，那么你的思路应该是这样的：

```
如果 a 大于 b：输出 a
否则：输出 b
```

如果想通过 Python 实现上面的思想，就必须借助 if 语句实现条件分支。在介绍 if 语句前，我们先来了解布尔表达式的相关内容。

1. 布尔表达式

在 3.2 节中我们简单介绍过布尔值，而布尔表达式是返回一个布尔值（或称为真值）的表达式。首先下面的值作为布尔表达式的时候，会直接返回假（False）：

```
False ,None ,0 , "" , () ,[] , {}
```

也就是说，标准值 False 和 None，数字 0 和所有空序列都为 False，其余的单个对象都为 True。

在表达式运算的过程中，True 会视为数值 1，False 会视为数值 0，这与其他编程语言是相似的。逻辑表达式是布尔表达式的一种，逻辑表达式指的是带逻辑操作符或比较操作符（如 >，==）的表达式。逻辑表达式返回的是 False 或者 True。代码清单 2-2 举了一些带 True 和 False 的表达式运算的例子：

代码清单 2-2 布尔表达式

```
print "布尔表达式"
print True,False
# result: True,False
print True == 1
# result: True
print True + 2
```

```
# result: 3
print True + False*3
# result: 1
print 3 > 2
# result: True
print (1 < 3)*10
# reuslt: 10
```

* 代码详见：示例程序 /code/2-3.py

2. 条件分支

到目前为止的程序都是一条一条语句顺序执行的，现在我们的程序开始有了选择和判断的能力。if 语句能够设置分支，有且只有 1 条分支会被执行，这和我们日常语言中的“如果”是一样的。if 语句的一般格式如下：

```
if 布尔表达式 1:
    分支一
elif 布尔表达式 2:
    分支二
else:
    分支三
```

程序会先计算第一个布尔表达式，如果结果为真，则执行第一个分支的所有语句。如果为假，则计算第二个布尔表达式，如果第二个布尔表达式结果为真，则执行第二个分支的所有语句。如果结果仍然为假，则执行第三个分支的所有语句。如果只有两个分支，那么不需要 elif，直接写 else 即可，如果有更多的分支，那么就需要添加更多的 elif 语句。Python 中没有 switch 和 case 语句，多路分支只能通过 if-elif-else 来实现。注意整个分支结构中是有严格的退格缩进要求的。代码清单 2-3 给出一些例子。

代码清单 2-3 条件分支

```
print "条件分支"
# 例 1      判断天气
weather = 'sunny'
if weather =='sunny':
    print "shopping"
elif weather =='cloudy':
    print "playing football"
else:
```

```
    print "learning python"
#result: shopping

# 例2      选择两个数的较大者
import math
a = math.pi
b = math.sqrt(9.5)
if a>b:
    print a
else:
    print b
# result: 3.14159265359
# 例3      3个数简单排序
first = 1
second = 2
third = 3
if second<third:
    t = second
    second = third
    third = t
if first<second:
    t = first
    first = second
    second = t
if second<third:
    t = second
    second = third
    third = t
print first,'>',second,'>',third
# result: 3 > 2 > 1
```

* 代码详见：示例程序 /code/2-3.py

2.3.2 while 循环

1. while 语句

计算机比人类愚蠢得多，但计算机的优势是它能够无休止地进行计算。2016 年 3 月谷歌的人工智能机器 AlphaGo 击败棋力世界排名前十的李世石，这个新闻引起了强大轰动。很多人不理解人工智能为何能够超越人脑。可以这样简单地理解，AlphaGo 能够日夜不停地自我对弈，不断提高实力，而且速度比人类快得多，它的胜利是可以预见的。

回归正题，似乎我们现有的知识要让程序重复地做一件事，就只能重复地写相同的代码，显然这不合理。为此，我们需要掌握一个重要的概念——循环。while 循环是最常用的循环之一，它的格式如下：

```
while 布尔表达式:
    程序段
```

只要布尔表达式为真，那么程序段将会被执行，执行完毕后，再次计算布尔表达式，如果结果仍然为真，那么再次执行程序段，直至布尔表达式为假。举一个例子，如果要计算 1 到 1000 的和是多少，那么可以：

```
a=1000
s=0
while a:
    s+=a
    a-=1
```

当 a 为 0 时 while 循环便会自动停止并且 s 就是求和的结果。

2. break 和 continue

下面看两个简单的语句，它们只有嵌套在循环中才起作用，分别是 break 语句和 continue 语句。它们的作用如下：

- break：跳出最内层循环。
- continue：跳到最内层循环的首行。

简单来说，break 用于中止循环，注意，如果一个 while 语句嵌套在另一个 while 语句内，即程序中有双层循环，内层循环中的 break 语句仅仅退出内层循环并回到外层循环。而 continue 语句是中断当前的循环并回到循环段的开头重新执行程序。首次接触 continue 的读者可能比较难理解，代码清单 2-4 举出了一些例子。

代码清单 2-4 while 语句

```
print '''while语句'''
# 例1 1到1000求和
a = 1000
s = 0
while a:
```

```
    s+=a
    a-=1
print s
#result: 500500

# 例 2 简单计算
while True:
    s = input('1+2=')
    if s ==3:
        print '答案正确'
        break
    if s>=0 and s<=9:
        continue
print '答案是个位数'
```

*代码详见：示例程序 /code/2-3.py

2.3.3　for 循环

for 循环在 Python 中是一个通用的序列迭代器，可以遍历任何有序的序列。for 语句可作用于字符串、列表、元组，这些数据结构在 2.4 节将会详细介绍，本节我们的例子需要用到这些数据结构。程序语言的学习是一个循环的学习过程，与其他学科不同，程序语言的知识是相互紧扣的。读者阅读本节有困难的话可以先跳到 2.4 节。

1. for 语句

Python 中的 for 语句接受可迭代对象，如序列和迭代器作为其参数，每次循环调取其中一个元素。在代码清单 2-5 中，我们给出了 for 循环对字符串、列表的遍历。Python 的 for 循环看上去像伪代码，非常简洁，如代码清单 2-5 所示。

代码清单 2-5　for 语句

```
print '''简单 for 循环'''
# 对列表和字符串进行迭代
for a in ['e','f','g']:
    print a,
# result:e f g
print
for a in 'string':
    print a,
```

```
# result:string
```

* 代码详见：示例程序 /code/2-3.py

2. range() 函数

如果你希望 Python 能像 C 语言的格式进行循环，就需要一个数字序列，range() 函数能够快速生成一个数字序列。如：

```
>>>range(5)
[0,1,2,3,4]
```

那么 Python 中 for i in range（5）的效果和 C 中 for（i=0；i < 5；i++）的效果是一样的。而 range（a，b）能够返回列表 [a，a+1，…，b−1]（注意不包含 *b*），这样 for 循环就可以从任意起点开始，任意终点结束。range() 函数经常和 len() 函数一起用于遍历整个序列。len() 函数能够返回一个序列的长度，for i in range（len（L））能够迭代整个列表 L。虽然直接使用 for 循环似乎也可以实现这个目的，但是直接使用 for 循环难以对序列进行修改（因为每次迭代调取的元素并不是序列元素的引用），而通过 range() 和 len() 函数可以快速通过索引访问序列并对其进行修改。请看下面的代码清单 2-6：

代码清单 2-6 range() 函数

```
print '''range() 函数 '''
print range(2,9)
# result: [2, 3, 4, 5, 6, 7, 8]
print range(2,9,3)  # 相邻元素的间隔为 3
# result: [2, 5, 8]
print '-'*70

# 直接使用 for 循环难以改变序列元素
L = [1,2,3]
for a in L:
    a+=1  #a 不是引用，L 中对应的元素没有发生改变
print L
# result: [1,2,3]

# range() 与 len() 函数遍历序列并修改元素
for i in range(len(L)):
    L[i]+=1  # 通过索引访问
print L
```

```
# result: [2,3,4]
```

* 代码详见：示例程序 /code/2-3.py

3. 循环中的 else 语句

for 循环同样支持 break 和 continue 语句。循环语句可以有一个 else 语句，当 for 循环迭代整个列表后或 while 循环条件变为假时，循环并非通过 break 语句终止时，便会执行这个 else 语句。下面给出一个实现简单搜索质数的例子（见代码清单 2-7）。

代码清单 2-7　循环中的 else 语句

```
print '''循环中的else语句'''
# 简单搜索质数
for n in range(2,10):
    for x in range(2,n):
        if n%x ==0: # 含有非普通因子
        print n,'equals',x,'*',n/x
        break
    else:
        print n,'是一个质数' # 仅含有普通因子，说明这是一个质数
```

* 代码详见：示例程序 /code/2-3.py

2.4　数据结构

Python 中的绝大部分数据结构可以被最终分解为三种类型：**标量（Scaler），序列（Sequence），映射（Mapping）**。这表明了数据存储时所需的基本单位，其重要性如同欧式几何公理之于欧式空间。在第 2.2 节中，我们已经详细叙述了“标量”，如整数、浮点数等数据类型。这里需要补充更为复杂的数据结构。

序列是 Python 中最为基础的内建类型。它分为七种类型：列表、字符串、元组、Unicode 字符串、字节数组、缓冲区和 xrange 对象。常用的是：**列表（List）、字符串（String）、元组（Tuple）**。

映射在 Python 的实现是数据结构**字典（Dictionary）**。作为第三种基本单位，映射的灵活使得它在多种场合中都有广泛的应用和良好的可拓展性。

集合（Set）是独立于标量、序列和映射之外的特殊数据结构，它支持数学理论的各种集合的运算。它的存在使得用程序代码实现数学理论变得方便。

建议有能力的读者查看 Python 数据结构实现的源码，也可以参考《Data Structure and Algorithms with Python》这本书。这能让读者很好认识 Python 每种数据结构的实现算法及效率。工业代码讲求运行效率，本书由于篇幅限制仅仅介绍 Python 数据结构的用法，不涉及时间复杂度和空间复杂度，我们极力建议读者补充这方面的知识。

2.4.1 列表

列表（List）是一个任意类型的对象的位置相关的有序集合。它没有固定的大小，更准确地说，它的大小是可变的。通过对偏移量进行赋值以及其他各种列表的方法进行调用，能够修改列表的大小和内容。

1. 创建列表

列表是序列的一种，Python 的列表元素没有固定数据类型的**约束**。列表是有序的，可以直接通过下标（即索引）访问其元素。注意下标是从 0 开始，Python 的下标允许是**负数**，例如 List2[-1] 表示 List2 从后往前数的第一个元素。除了**索引**，列表支持**切片**。切片返回一个子列表。切片的索引有两个默认值，第一个索引默认为零，第二个索引默认为切片的列表的大小。代码见代码清单 2-8。

代码清单 2-8 创建列表

```
print '''创建列表'''
List1= ['Python',5,0.2]
List2=['I','love']
print "通过下标访问列表元素"
print List1[0],List2[1],List2[-1]
# result: Python love love
print List1[0:2],List1[:2] #注意子列表不包含List1[2]
# result:['Python', 5] ['Python', 5]
print List2[:],List2[0:]
# result:['I', 'love'] ['I', 'love']
```

* 代码详见：示例程序 /code/2-4-1.py

2. 列表方法

Python 的列表与其他语言的数组有些类似，但是 Python 的列表强大得多，它具有很多灵活的函数。它能够做到像字符串一样自由插入、查找、合并。并且与其他语言，如 C、Java 等相比，Python 的列表常常具有速度上的优势。下面给出 Python 常用的列表函数说明（见表 2-6）及例子（见代码清单 2-9），请读者运行例子好好体会。

表 2-6 列表函数说明

函数名称	函数说明
list.append(x)	添加一个元素到列表的末尾，相当于 a[len(a):]=[x]
list.extend(L)	将参数中的列表添加到自身的列表的末尾，相当于 a[len(a):]=L
list.insert(i, x)	在下标为 i 的元素位置前插入一个元素，所以 a.insert(0, x) 相当于 a.append(x)
list.remove(x)	删除列表第一个值为 x 的元素。如果没有这样的元素会报错
list.pop([i])	删除列表指定位置的元素并返回它。[] 表示这个参数是可选的，如果不输入这个参数，将删除并返回列表最后一个元素
list.index(x)	返回列表第一个值为 x 的元素的下标。如果没有这样的元素会报错
list.count(x)	返回列表中 x 出现的次数
list.sort(cmp=None, key=None, reverse=False)	排序列表中的元素，可参考 2.4.4 节字典遍历的代码，里面讲述了一个使用 sort() 函数的例子
list.reverse()	反转列表中的元素

代码清单 2-9 列表多种操作

```
print '''列表方法'''
List1.append(3.1)
print List1
# result: ['Python', 5, 0.2, 3.1]
List2.insert(1,'really')
print List2
# result: ['I', 'really', 'love']
List1.remove(3.1)
print List1
# result: ['Python', 5, 0.2]
print List1.index(5),List1.count(5)
# result: 1 1
List2.extend(List1)
print List2
# result: ['I', 'really', 'love', 'Python', 5, 0.2]
List2.reverse()
print List2
# result: [0.2, 5, 'Python', 'love', 'really', 'I']
```

```
List3 = [1,3,2]
List3.sort()
print List3
# result: [1,2,3]
```

* 代码详见：示例程序 /code/2-4-1.py

3. 列表用作栈和队列

列表函数使得列表当作栈非常容易，栈的思想是最先进入的元素最后一个取出（后进先出），使用 append() 进行压入，使用 pop() 进行弹出。见代码清单 2-10。

代码清单 2-10　列表用作栈

```
print '''列表用作栈和队列'''
stack=[7,8,9]
stack.append(10)
stack.append(11)
print stack#result: [7,8,9,10,11]
stack.pop()
print stack#result: [7,8,9,10]
```

队列的思想是第一个最先进入的元素最先取出，虽然列表的 append() 和 pop() 也可以实现此目的。但是列表用作此目的的效率不高。这是因为列表末尾插入元素效率高但开头弹出元素的效率却很低（所有其他元素都必须后移一位）。如果要实现一个队列，可以使用 collections.deque, 他设计的目的就是能够在两端快速添加和弹出元素。例子见代码清单 2-11。

代码清单 2-11　deque 队列

```
print "deque用作队列"
from collections import deque
queue = deque([7,8,9])
queue.append(10)          # 末尾插入元素 10
queue.append(11)          # 末尾插入元素 11
print queue.popleft()     # 开头弹出元素 7
print queue.popleft()     # 开头弹出元素 8
print queue
# result: deque([9, 10, 11])
```

* 代码详见：示例程序 /code/2-4-1.py

2.4.2 字符串

字符串（String）是序列的一种，支持其中索引的操作。实际上，字符串是单个字符的序列，简单地理解，字符串是多个单个字符合并而来的。在所有编程语言中，字符串都是最基本的数据结构之一。在Python之中，字符串灵活的方法大大简化了程序。

1. 创建字符串

虽然字符串和列表都可以通过[]来访问其中的有序数据，但是字符串具有**不可变性**，每个字符一旦创建，不能通过索引对其做任何修改。字符串与列表一样，支持**索引**和**切片**。创建字符串最简单的是用单引号或双引号，这两种方法几乎没有区别。如果你的字符串内有单引号，那么创建字符串时就可用双引号避免歧义，反之亦然。字符串支持跨行，一种常用的方法是使用三引号：'''…''' 或者 """…"""。行尾换行符会被自动包含到字符串中，但可以在行尾加上“\”来避免这个行为。代码例子见代码清单2-12。

代码清单 2-12　创建字符串

```
print '''创建字符串'''
str1 = 'learn Python'
print str1,str1[0],str1[-1] # 输出整个字符串，第一个字符，最后一个字符
# result:learn Python l n
print str1[:6]  # 切片
# result:learn
# str1[0] = 'h' 程序报错，不允许修改字符串
print '-'*70
print '"Hello,my name is Mike"' # 当字符串中有双引号，最好用单引号创建
# result:"Hello,my name is Mike"
print 'doesn\'t'  # 如果用单引号创建有单引号的字符串，字符串中的单引号前加上\
# result:doesn't
print '-'*70
str2 = '''Python具有丰富和强大的库。它常被昵称为胶水语言，
能够把用其他语言制作的各种模块(尤其是C/C++)很轻松地联结在一起。
常见的一种应用情形是，使用Python快速生成程序的原型(有时甚至是程序的最终界面)，
然后对其中有特别要求的部分，用更合适的语言改写。
'''
print str2
str3 = '''Python具有丰富和强大的库。它常被昵称为胶水语言，\
能够把用其他语言制作的各种模块(尤其是C/C++)很轻松地联结在一起。
常见的一种应用情形是，使用Python快速生成程序的原型(有时甚至是程序的最终界面)，\
然后对其中有特别要求的部分，用更合适的语言改写。\
```

```
'''
print str3
# 输出太长这里就不展示了，请读者动手运行感受 str2 与 str3 的不同
print '-'*70
```

* 代码详见：示例程序 /code/2-4-2.py

如果你的字符串包含了特殊字符，如换行符“\n”，制表符“\t”，Python 默认会自动识别并转义。如果你想使用不经转义的原始字符串，须在字符串前面加 r，见代码清单 2-13。

代码清单 2-13 特殊字符转义

```
print 'E:\note\Python.doc'  #\n 会被当作换行符处理
# result:E:
#       ote\Python.doc
print r'E:\note\Python.doc' # 字符串前加 r，所以特殊字符失效
# result:E:\note\Python.doc
```

* 代码详见：示例程序 /code/2-4-2.py

Python 可用“+”合并字符串，用 C++ 语言说，Python 重载了“+”运算符，这使得字符串的合并相当方便。Python 支持格式化字符串，“%”的左侧放置一个字符串，简单的格式化字符串，而右侧则放置希望格式化的值，一般会使用元组（后面会详细介绍）。由于这个功能不太重用，本书只举一些简单的例子，如代码清单 2-14 所示。

代码清单 2-14 “+”运算符及格式化字符串

```
str4 = 'String\t'
str5 = 'is powerful'
str4 = str4+str5
# 不会报错，实际上这不是修改 str4，而是先消去现有的 str4，再用 "+" 返回的新的合并后的字符串去
重新创建 str4
print str4
# result:String  is powerful
print '-'*70
format_str1 = 'There are %d apples %s the desk.' # %d 表示整数而 %s 表示字符串
a_tuple = (2,'on')
print format_str1 % a_tuple
# result:There are 2 apples on the desk.
format_str2 = 'There are {0} apples {1} the desk.'.format(3,'on')
print format_str2   # 这是另一种写法，更简便
```

```
# result:There are 3 apples on the desk.
```

* 代码详见：示例程序 /code/2-4-2.py

2. 字符串方法

Python 字符串方法众多，能够满足程序员的各种要求。表 2-7 仅仅列出一些读者必须掌握的最重要的方法，相应的例子见代码清单 2-15。值得注意的是，count 和 join 方法在列表和字符串中都存在，且功能类似。实际上**序列**都会有共通的方法，读者在学习的时候要注意系统归类。

表 2-7 字符串方法

函数名称	函数说明
S.find(sub,[,start[,end]])	返回在字符串中找到的子字符串 sub 的最低索引，使得 sub 包含在切片 s[start:end] 中，如果未找到 sub，则返回 −1
S.split([sep[,maxsplit]])	返回字符串中的单词列表，使用 sep 作为分隔符字符串。如果给出 maxsplit，则至多拆分 maxsplit 次（因此，列表中将最多有 maxsplit+1 个元素）。如果没有指定 maxsplit 或为 −1，那么分割的数量没有限制（进行所有可能的分割）
S.join(iterator)	连接字符串数组。将字符串、元组、列表中的元素以指定的字符（分隔符）连接生成一个新的字符串
S.strip([chars])	返回字符串的一个副本，删除前导和尾随字符。chars 参数是一个字符串，指定要移除的字符集。如果省略或为 None，则 chars 参数默认为删除空白字符
S.lower()	将字符串中所有大写字符变为小写
S.isalnum()	如果字符串中至少有一个字符，并且所有字符都是数字或者字母，则返回 true，否则返回 false
S.count(sub[,start[,end]])	返回在 [start, end] 范围内的子串 sub 非重叠出现的次数。可选参数 start 和 end 都以切片表示法解释
S.replace(old,new[,count])	返回字符串的一个拷贝，其中所有的子串 old 通过 new 替换。如果指定了可选参数 count，则只有前面的 count 个出现被替换

代码清单 2-15 字符串方法

```
print ''' 字符串方法 '''
str6 = "Zootopia"
print str6.find('to')# 返回第一个 to 的索引，注意 str6[3]='t',str6[4]='o'
# result: 3
print '-'*70
str6_2 = "Z o o t o p i a"
print str6_2.split() # 利用空格符分隔开字符
#result: ['Z', 'o', 'o', 't', 'o', 'p', 'i', 'a']
print ''.join(str6_2.split()) # 再通过 join 函数又可以还原
# result: Zootopia
```

```
print '-'*70
str7 = '54321'
print '>'.join(str7) # 上一个例子是列表的join，这个是字符串的join，功能类似
# result: 5>4>3>2>1
print '-'*70
str8 = '"Yes!",I answered.'
print str8.split(',')# split()可以指定一个字符作为分隔符
# result:['"Yes!"', 'I answered.']
# 如果想把多个字符作为分隔符，可用下面这个方法
sep=['!',',','.','"']
for i in sep:
    str8 = str8.replace(i,' ')# 将全部分隔符替换为空格
print str8.split() # 成功提取句子中的所有单词
# result:['Yes', 'I', 'answered']
print '-'*70
str9 = 'A apple'
print str9.count('A') # 注意区分大小写
# result: 1
str9 = str9.lower()
print str9.count('a')
# result: 2
print '-'*70
str10 = '12345'
print str10.isalnum()
# result: True
print '-'*70
```

* 代码详见：示例程序 /code/2-4-2.py

3. Unicode 字符串

Unicode 是一种存储文本数据的类型。Python 能够使用 Unicode 对象来存储和处理 Unicode 数据。Unicode 对象与其他字符串对象有良好的集成，必要时提供自动转换。Unicode 的优点在于为现在和古代的每一种字符（包括英文字符和中文字符等）提供了统一的序号。在 Unicode 出现之前，脚本只有 256 个可用的字符编码。各国的文字需要映射到字符编码上，这带来了很多麻烦，尤其是软件国际化。Unicode 为所有脚本定义了一个代码页，从而解决了这些问题。

创建 Unicode 字符串只需要在字符串前加 u 即可。在代码清单 2-16 中，由于“你”的 Unicode 的编码是 4f60，“好”的 Unicode 编码是 597d，我们可以看到输入 print u'\u4f60\u597d' 就可以看到中文的“你好”。

在Python，将Unicode转化为比较有名的编码如ASCII、utf-8、utf-16以及中文的gbk编码都是很方便的。encode()函数能够将Unicode字符串转换为指定编码的字符串，decode()或unicode()函数又可以反过来将指定编码的字符串转换为Unicode字符串，例子见代码清单2-16。

代码清单 2-16　Unicode 字符串

```
print '''Unicode字符串'''
unicode_str =  u'\u4f60\u597d'
print unicode_str #"你好"的Unicode编码
# result: 你好
utf8_str = unicode_str.encode('utf-8')
print utf8_str
# 注意"你好"的utf-8编码为'\xe4\xbd\xa0\xe5\xa5\xbd'(在Python Shell中直接输入
utf8_str会显示这个编码)
# 但是print()函数不会自动解码，所以直接输出为乱码
print utf8_str.decode('utf-8')
# result: 你好
print unicode(utf8_str,'utf-8') #这两种方法一样
# result: 你好
```

*代码详见：示例程序/code/2-4-2.py

2.4.3　元组

元组（Tuple）与列表和字符串一样，是序列的一种。而元组与列表的唯一不同是元组不能修改，元组和字符串都具有**不可变性**。

1. 创建元组

元组没有固定的数据类型约束，它们编写在圆括号中而不是方括号中，它们支持常见的序列操作。元组有很多与列表相同的方法，但必须留意的是，append()和pop()等修改大小和内容的函数是元组不允许的，如代码清单2-17所示。

代码清单 2-17　创建元组

```
print '''元组'''
tuple1 = ('A','我')
print len(tuple1)
# result: 2
```

```
    tuple2 = tuple1+(6,6,'的')
    print tuple2
    # 注意"我"在机子系统中的中文默认编码是cp936，可以使用'中文'.decode('cp936')转为
Unicode编码
    # result:('A', '\xce\xd2', 6, 6, '\xb5\xc4')
    tuple1 = ('A','我'.decode('cp936'))
    print tuple1
    # result: ('A', u'\u6211')
    tuple3 =(1,)                # 创建仅有一个数据的元组
    print tuple3
    # result:(1,)
    tuple4 = 3*(1+5,)           # 一个逗号完全改不了表达式的值
    print tuple4
    # result: (6, 6, 6)
    print tuple(list(tuple4)) #tuple函数可以将其他序列类型转变为元组
    # result: (6, 6, 6)
    print tuple4[0]             # 同样可以使用索引
    tuple4[0] = 7               #错误，不能改变元组的数据
    print tuple4.count(6)       # 同样有count()函数
    # result: 3
```

* 代码详见：示例程序 /code/2-4-3.py

2. 元组的必要性

读者可能会存在这样的疑惑：既然有列表的存在，为什么还需要像元组那样的不可变序列？在初学编程语言的人看来，不可变似乎是一种缺陷。但是，元组的不可变性是关键，从某个角度说是它的天然优势。例如Python的字典（后面会详细介绍）允许元组和字符串作为键值，但不允许列表作为键值。原因就是元组和字符串的不可变性，字典的键值是必须保证唯一的，如果允许修改键值，那么唯一性就无法保证。元组提供了一种**完整性**约束，这对于大型程序的编写是很重要的。有时候程序员不希望程序中的某个值被修改，为了避免我们不经意地修改这些内容（实际上在大型程序中经常发生），就应该使用元组而非列表。

2.4.4 字典

字典（Dictionary）是基础数据结构**映射**（Mapping）的一种。序列是按照顺序来存储数据的，而字典是通过键存储数据的。字典的内部实现是基于**二叉树**（Binary Tree）

的，数据没有严格的顺序。字典将键映射到值，通过键来调取数据。如果键值本来是有序的，那么我们不应该使用字典，如映射：$\begin{cases}1 \rightarrow A \\ 2 \rightarrow B \\ 3 \rightarrow C\end{cases}$直接用列表 ['A', 'B', 'C'] 即可，字典的效率比列表差得多。但是在很多情形下，字典比列表更加适用。比如我们手机的通讯录（假设人名均不相同）可以使用字典实现，把人的名字映射到一个电话号码，名字是无序的，所以不能直接用一个列表实现。

1. 字典的创建与操作

字典最基本的创建方式是：

```
category = {'apple':'fruit','Zootopia':'film','football':'sport'}
```

字典内部是一系列的“键：值”对，一组中的键与值用“:”分隔开，不同组的键值对用“,”分割开，整个字典用大括号括起来。上面的例子创建了一个所属类别的字典。字典是无序的，键值与声明的顺序没有关系。另外一种常用的创建字典方法是使用元组和 dict() 函数，例子见代码清单 2-18。空字典直接用 {} 创建即可。

字典的基本操作非常简单，假定有字典 D：

1）查询键值对 D[key] 并返回键 key 关联的值。

2）修改键值对 D[key]=new_value，将值 new_value 关联到 key 上。

3）插入键值对 D[new_key]=new_value，如果字典中不存在键 new_key，如此操作便增加了键值对。

4）删除键值对 del D[key]，删除键为 key 的键值对。

代码清单 2-18　字典的创建与操作

```
print ''' 字典创建与操作 '''
category = {'apple':'fruit','Zootopia':'film','football':'sport'}
print category['apple']   # 查询键值对
# result: fruit
category['lemon'] = 'fruit'       # 插入新的键值对
```

```
    print category
    # result: {'Zootopia': 'film', 'lemon': 'fruit', 'apple': 'fruit', 'football':
'sport'}
    del category['lemon']      # 删除键值对
    print category
    # result: {'Zootopia': 'film', 'apple': 'fruit', 'football': 'sport'}
    print '-'*70
    items=[('height',1.80),('weight',124)]    # 也可以通过元组和dict()创建字典
    D = dict(items)
    print D
    # result: {'weight': 124, 'height': 1.8}
    print '-'*70
```

*代码详见：示例程序 /code/2-4-4.py

2. 字典的遍历

尽管字典是无序的，但是有时候我们需要将它按照一定的规则打印出来。一个经典的办法是首先获取字典所有键，并将它们存储在列表中，然后对列表按照某种**偏序关系**进行排序，最后按排序后的结果逐一对字典进行查询并打印。代码清单 2-19 显示了按照不同的偏序关系对字典进行遍历的结果。

代码清单 2-19 字典的遍历

```
    print ''' 字典的遍历 '''
    keys = category.keys()
    keys.sort()
    print keys  # 按照首字符的 ASCII 码排序
    # result: ['apple', 'football', 'zootopia']
    keys.sort(reverse=True)
    print keys  # 排序结果反转
    # result: ['apple', 'football', 'zootopia']
    # result:
    def comp(str1,str2):        # 两个字符串的比较函数
        if str1[0]<str2[0]:   # 如果 str1 的首字符比 str2 首字符的 ASCII 值小，那么 str1 排在
str2 前，否则排在后面
            return 1
        else:
            return -1
    keys.sort(comp)    # 自定义偏序关系，同样实现反向排序
    print keys
```

```
# result: ['zootopia', 'football', 'apple']
for key in keys:  #最后按照反向排序的顺序打印字典
    print (key,'=>',category[key])
# result:
# ('zootopia', '=>', 'film')
# ('football', '=>', 'sport')
# ('apple', '=>', 'fruit')
```

* 代码详见：示例程序 /code/2-4-4.py

2.4.5　集合

Python 有一种特殊的数据类型称为**集合（Set）**。之所以称它特殊，是因为它既不是序列也不是映射类型，更不是标量。集合是自成一体的类型。集合是唯一的，不可变的对象是一个无序集合。集合对象支持与数学理论相对应的操作，如并和交，这也是这种数据类型被创建的最重要的目的。

1. 创建集合

创建一个集合很简单，只要在声明集合时把集合的元素包含在大括号内，并用逗号分隔。还有一种方法是使用 set() 函数，通过一个列表或元组创建集合，见代码清单 2-20。

代码清单 2-20　创建集合

```
# -*- coding:utf-8 -*-
print '''创建集合'''
set1 = {1,2,3}              # 直接创建集合
set2 = set([2,3,4])         # set()创建
print set1,set2
# result: set([1, 2, 3]) set([2, 3, 4])
```

* 代码详见：示例程序 /code/2-4-5.py

2. 集合的操作

集合能够通过表达式操作符支持一般的数学集合运算，如表 2-8 所示（假设集合 x = set ([1,2,3]),y =set ([2,3,4])。这是集合特有的操作，序列和映射不支持这样的表达式。

表 2-8 集合运算

表达式	结果	意义
x−y	set ([1])	集合的差，返回包含在 x 且不包含在 y 中的元素集合
x|y	set ([1, 2, 3, 4])	集合的并，返回包含在 x 或 y 中的元素集合
x&y	set ([2, 3])	集合的交，返回既包含在 x 也在 y 的中的元素的集合
x^y	set ([1, 4])	集合的异或，返回只被 x 包含或只被 y 包含的元素的集合
x>y	False	如果 x 真包含 y，则返回 True，否则返回 False

除此之外，集合还有一些常用的方法，见表 2-9。由于这些方法都比较简单，本书不再赘述。值得提醒的是，如果集合中已经有元素 a，使用 add() 函数或其他方法向集合再次插入元素 a，Python 不会报错，但集合依然只有一个 a，集合中的元素都是唯一的。

表 2-9 集合的方法

函数名称	函数说明
set.add (x)	往集合插入元素 x
set1.update (set2)	把集合 set2 的元素添加到 set1
set.remove (x)	删除集合中的元素 x
set1.union (set2)	相当于 set1 = set1 | set2
set1.intersection (set2)	相当于 set1 = set1 &set2
set1.difference (set2)	相当与 set1= set1 − set 2
set1.issuperset (set2)	相当于 set1>=set2

2.5 文件的读写

文件访问是一门语言重要的一环，适当地进行文本读写能够保存一次程序运行下来的结果。在数据挖掘的工作中，数据量很大，整个挖掘程序可以分为几部分，我们应该把每一部分运行的结果都保存下来，这样如果后面的程序出现错误，我们也不必再从头开始。而数据挖掘中最普遍的是对 txt、csv 等文件进行读写处理。

2.5.1 改变工作目录

要进行文件的读写，首先要设置工作目录。如果使用脚本运行，那么默认的工作目录为脚本所在的目录。但大多数时候我们会将数据文件放在某个固定目录，要改变工作目录，首先要引入 os 模块，语句为：import os。查看当前工作目录的方法是 os.getwd()，改变工作目录的方法是 os.chdir(string)，如代码清单 2-21 所示：

代码清单 2-21 改变工作目录

```
import os
os.chdir('F:/Data')         # 改变路径至 F 盘的 Data 文件夹下，注意不是反斜杠
print os.getcwd()
# result: F:\Data
```

* 代码详见：示例程序 /code/2-5.py

2.5.2　txt 文件读取

Python 进行文件读写的函数是 open 或 file。其格式如下：

```
file_handler = open(filename,mode='r')
```

其中 filename 是我们希望打开的文件的字符串名字，mode 表示我们的读写模式，所有模式如表 2-10 所示，默认为 read 模式。如果此语句执行成功，那么一个文件句柄就会返回，后面的文件操作需依赖文件句柄的方法进行。表 2-11 给出了文件句柄的所有方法。

表 2-10　读写模式

模式	说明
'r'	以读方式打开文件，仅可读取文件信息
'w'	以写方式开始文件，仅可向文件写入信息。如果文件存在，则清空该文件，再进行写入。如果文件不存在则自动创建
'a'	以追加模式打开文件，文件指针自动移动到文件末尾，仅可从文件末尾开始写入，如果文件不存在则自动创建
'r+'	以读写方式打开文件，可对文件进行读写操作
'w+'	消除文件内容，然后以读写方式打开文件。如果文件不存在则自动创建
'a+'	以读写方式打开文件，并把文件指针移到文件末尾。如果不存在则自动创建
'b'	以二进制模式打开文件，而不是以文本模式

表 2-11　文件句柄方法

f.close()	关闭文件，记住用 *open*() 打开文件后须得关闭它，否则会占用系统的可打开文件句柄数
f.flush()	刷新输出缓存
f.read([count])	读出文件，如果有 count，则读出 count 个字节
f.readline()	读出一行信息
f.readlines	读出所有行，也就是读出整个文件的信息
f.seek(offset[,where])	把文件指针移动到相对于 where 的 offset 位置。where 为 0 表示文件开始处，这是默认值；1 表示当前位置；2 表示文件结尾
f.tell()	获得文件指针位置
f.write(string)	把 string 字符串写入文件
f.writelines(list)	把 list 中的字符串一行一行地写入文件，是连续写入文件，没有换行

我们常用的文件读入函数是 readline() 和 readlines()。首先我们假设在我们脚本目录下有这样一个 data.txt, 其数据如下：

```
1,2
3,4
```

注意第一行中有一个换行符。如果我们采用 readline() 语句读取，执行 f=open ('data.

txt', 'r') 和 a =f. readline(), 那么就会将第一行以字符串的形式返回，此时 a='1，2\n'。同时文件指针指向第一行末尾，如果再执行语句 b = f.readline()，那么 b='3，4'，此时文件指针就指向文件末尾，文件已读取完毕。可以使用下面的 while 循环读取所有语句：

```
L=2# 文件的行数
for i in range(L):
    a = readline()
    # 对该行的处理
......
```

如果我们想去掉第一行的读取的换行符，可以使用语句 a=a.strip(),strip() 可以去掉一个字符串开头和末尾的空白字符，包括换行符，已在 2.4.2 节中介绍到。

而 readlines 则返回一个列表，列表包含了每一行的字符串数据。如执行 a=f.readlines()，那么此时 a=['1，2\n', '3，4']，代码清单 2-22 给出了一个读取数据的例子，其数据是用于回归预测的 COIL 数据集。例子最终保存的形式是一个二维列表，在后面的数据处理可以很容易的变换为 numpy.array，大部分数据挖掘的算法都需要 numpy.array 作为数据存储的格式。

代码清单 2-22　文件读写

```
data=[]  # 先定义存储数据的总列表，总列表的每个元素都是一个列表，各存储一行数据
fr = open('ticdata2000.txt')           # 打开文件
for line in fr.readlines():            # readlines() 返回一个字符串列表，每个字符串存储
                                         一行原始数据
    line = line.strip()                # 去掉换行符
    data_line = line.split("\t")       # 通过字符串的制表符 "\t" 分隔数据，并且返回一个列
                                         表，使用列表存储该行数据
    data.append(data_line)             # 将存储一行数据的列表添加到总列表中
print data[0]                          # 输出第一行的数据
fr.close()
```

* 代码详见：示例程序 /code/2-5.py

2.5.3 csv 文件读取

我们习惯使用 Excel 表存储数据，但 Excel 表数据直接用 Python 读取是行不通的。一个常用的办法是将文件另存为 csv 文件格式。csv 是逗号分隔符的数据表，每两个数据单元间用逗号分隔，实际上和 txt 文件没有本质的区别。在代码清单 2-22 中，数据文件

的数据是用制表符分隔的，如果改成用逗号分隔，再把后缀名改成csv，那就转换成了csv文件。同理，csv文件读取的处理与txt几乎一样，使用语句f=open（'data.csv'）读取，这里不再举例赘述。如果我们使用pandas模块，那么读入csv文件会更快捷方便，直接使用pandas.read_csv()方法即可，本书后面会介绍pandas模块。

2.5.4　文件输出

在2.5.2节中，我们把数据1，2，3，4成功读入到程序中，现在我们考虑，假设我们的程序中得出了一个二维列表data=[['1'，'2']，['3'，'4']]，我们重新输出到文件，还原为2.5.2节中的原始数据。我们可以使用方法f.write（string)，并且借助字符串的join方法输出到文件中。如果二维列表的元素不是字符类型而是整数类型，我们不能使用join方法，使用f.write（string）输出比较麻烦，这里介绍另一种更灵活的输出到文件的方式：print>>f。这样就会把原本print函数输出到shell的内容改为输出到文件中，请参考代码清单2-23。

代码清单2-23　文件输出

```
f = open('output.txt','w')
# 使用join方法和write方法
data=[['1','2'],['3','4']]
line1 = ','.join(data[0])
f.write(line1+'\n')
line2 =','.join(data[1])
f.write(line2+'\n')
# 使用print>>f,
data=[[1,2],[3,4]]
for line in data:
    print>>f,str(line[0])+','+str(line[1])+'\n',
f.close()
```

*代码详见：示例程序/code/2-5.py

2.5.5　使用JSON处理数据

从代码清单2-23中读者可以看出，保存数值型数据比保存字符串类型的数据容易得多。因为wtite（string）方法只能输出字符串，且read()函数只会返回字符串，想转化为数值型数据需用int()这样的函数。当想保存列表和字典这样复杂的数据结构时，单靠

read() 和 write() 去人工解析是很困难的。幸运的是，Python 允许用户使用常用的数据交换格式 JSON（JavaScript Object Noation）。标准模块 json 可以接受 Python 数据结构，并将它们转换为字符串表示形式，此过程称为**序列化**（Serialize）。从字符串表示形式重新构建数据结构称为**反序列化**（Deserialize）。序列化和反序列化的过程中，表示该对象的字符串可以存储在文件中。

假设现在有一个字典 x=dict（height=176，weight=60），可以使用 y=json.dumps（x）将 x 转换为一个字符串 y。反过来可以使用 json.loads（y）将字符串转为原来的字典。如果想保存到文件中或读取 JSON 文件，可以使用上面函数的变体 dump() 和 load()，代码清单 2-24 给出了具体实例。

代码清单 2-24 使用 json 处理数据

```
import json
# 使用 dumps() 和 loads()
x=dict(height=176,weight=60)
print '原始字典内容：',x
y = json.dumps(x) # 返回字符串
print '序列化后的字典：',y
x = json.loads(y)
print '反序列化后又还原为原始的字典：',x

# 使用 dump() 和 load()
f=open('BigData.json','w')
json.dump(x,f) # 保存到文件中
f.close()

f=open('BigData.json','r')
print '从文件读取到的 JSON：',json.load(f)
```

* 代码详见：示例程序 /code/2-5.py

2.6 上机实验

1. 实验目的

- ❑ 掌握 Python 流程控制语句，合理运用循环进行程序设计。
- ❑ 掌握 Python 数据结构，并能熟练运用进行程序设计。

❑ 掌握 Python 的文件读写，并能编写读取数据集的程序。

2. 实验内容

实验一

冒泡排序是一个经典的排序算法，任意给定一个 Python 的列表 SList ，要求使用 Python 实现冒泡排序算法对 SList 进行排序。

输入样例：SList = [5，6，3，4，8，1，9，0，2]

输出样例：[0，1，2，3，4，5，6，7，8，9]

提示：for i in range(3)[::−1]: 这个语法表示从 2 到 0 倒叙遍历

实验二

设计一个节假日字典，键值为日期，格式如“160101”（表示 2016 年 1 月 1 日）。现在要求使用 Python 编写一个 2016 年 5 月的节假日字典，当输入日期时，字典能返回一个值，1 代表该日为节假日，0 代表该日不是节假日。最后要求使用 json 模块将这个节假日字典序列化并保存下来。

实验三

进行 txt 文件数据读取，数据为 UCI 数据库的疝气病症预测病马数据，数据见 data/horseColic.txt。数据有多行，每行都有 22 个数据，前 21 个为马的病症数据，最后一个为该马的标签，判断其患病与否。实验的要求是将所有行的前 21 个数据保存到一个二维列表 dataArr 中，而标签数据单独保存在一个列表 labelArr 中。

展示前三行数据经程序处理后的格式：

```
dataArr:
[['2.000000', '1.000000', '38.500000', '66.000000', '28.000000', '3.000000',
'3.000000', '0.000000', '2.000000', '5.000000', '4.000000', '4.000000',
'0.000000', '0.000000', '0.000000', '3.000000', '5.000000', '45.000000',
'8.400000', '0.000000', '0.000000'], ['1.000000', '1.000000', '39.200000',
'88.000000', '20.000000', '0.000000', '0.000000', '4.000000', '1.000000',
'3.000000', '4.000000', '2.000000', '0.000000', '0.000000', '0.000000',
```

```
'4.000000', '2.000000', '50.000000', '85.000000', '2.000000', '2.000000'],
['2.000000', '1.000000', '38.300000', '40.000000', '24.000000', '1.000000',
'1.000000', '3.000000', '1.000000', '3.000000', '3.000000', '1.000000',
'0.000000', '0.000000', '0.000000', '1.000000', '1.000000', '33.000000',
'6.700000', '0.000000', '0.000000']]

labelArr:
['0.000000', '0.000000', '1.000000']
```

第3章 *Chapter 3*

函　数

本章将介绍如何使用 Python 编写函数。函数是 Python 为了代码效率的最大化，减少冗余而提供的最基本的程序结构。在上一章中，我们学会了众多流程控制的语句，在中大型的程序中，同一段代码可能会被使用多次，如果程序由一段又一段冗余的流程控制语句组成，那么程序的可读性会变差。所以，我们需要使用函数去**封装**这些重复使用的程序段，并加以注释，下次使用的时候就可以直接调用，使代码更清晰明白。

本书在这里第一次讲到函数封装的概念，实际上我们在前面已经接触到了。例如列表操作的各种方法都是函数，在执行 list.append(x) 的时候在底层程序已经执行了一段代码。如果不封装成函数，每次添加元素都要输入这段代码，显得非常繁琐。程序员没有必要去探究数据结构源码具体是如何编写的，每种数据结构都会提供众多的函数和相对应的说明文档，程序员仅需知道函数的输入和输出就可以使用数据结构去工作了。

函数能使程序变得抽象。抽象节省了工作，并且加大了程序的可读性。例如，写一个求一列数据的极差的程序，我们可以分解成如下工作：

1）求最大值。

2）求最小值。

3）求极差，极差 = 最大值 − 最小值。

在第一和第二步中，我们编写函数 max() 和函数 min()，第三步直接调用函数求极差即可。虽然这样做得速度不是最快的，但我们使得程序变得抽象，如果读者不知道极差的概念，但看到如下的代码：range = max（list1）- min（list1），相信你们已经明白程序的输入和输出是什么了。

3.1 创建函数

1. def 语句

我们可以用 def 语句创建函数，格式为：def fun_name(par1,pa2,⋯)：由 def 关键字，函数名和参数表组成。先举一个简单的例子：

```
def  fun():
    print  'hello,world'
```

这样就定义了一个 fun 函数，它没有参数，也没有返回值，仅仅打印出“hello，world”。下面再定义一个有参数也有返回值的函数。

```
def  hello(your_name):
    # your_name 表示你的名字，格式是字符串
    return  'Hello '+your_name
```

这个函数称为 hello，输入参数是 your_name，返回加上 hello 的字符串。程序创建函数后，执行 s = hello（'Tom'）即得到一个新的字符串“Hello Tom”并赋值给 s。Python 的简洁性可以从函数中体现，Python 的参数也不需要声明数据类型，但这也有一定的弊端，程序员可能会因不清楚参数的数据类型而输入错误的参数，例如上面的函数若执行 hello（1）就会报错。所以一般在函数的开头注明函数的用途、输入和输出。

return 语句用于返回一个结果对象。Python 可以没有返回值，可以有一个返回值，也可以有多个返回值，返回值的数据类型没有限制。当程序执行到函数中的 return 语句时，就会将指定的值返回并**结束**函数，如果 return 后面还有语句，那些语句将不会被执行。所以也可以仅仅用一个 return 结束函数。在其他语言中很少允许多个返回值，举一个 Python 有多个返回值函数的例子：

```
def maxmin(a,b)
    # a,b 为两个数值数据，程序返回它们从大到小排列的结果
```

```
    if a>b:
        return  a,b
    else:
        return  b,a
```

执行 big, small = maxmin (2, 4) 后，big=4, small=2。

2. lambda 语句

Python 允许使用 lambda 语句创建**匿名函数**，也就是说函数没有具体的名称。可能读者会产生疑惑，函数没有了名称应该不会是一件好事。但实际上，使用 Python 编写一些执行脚本时，使用 lambda 省去了定义函数的过程，代码变得精简。对于一些抽象的、不会在其他地方复用的函数，有时候给函数命名也是个难题（需要避免函数重名），而使用 lambda 则不需要考虑函数命名的问题。

lambda 语句中，冒号前是函数参数，若有多个函数使用逗号分隔，冒号右边是返回值。如此便构建了一个函数对象，def 语句也是创建一个函数对象，只是 lambda 创建的函数对象没有名字。

```
>>>g = lambda x : x+1
>>>print g
<function <lambda> at 0x030EAEF0>
>>>g(1)
2
```

使用 lamber 函数应该注意下面 4 点：

1）lambda 定义的是单行函数，如果需要复杂的函数，应使用 def 语句。

2）lamdda 参数列表可以包含多个函数，如 lambda x，y : x + y 。

3）lambda 语句有且只有一个返回值。

4）lambda 语句中的表达式不能含有命令，而且仅限一条表达式。

举一个例子，Python 的数学库中只有以自然底数 e 和 10 为底的对数函数，下面我们使用 lambda 函数创建指定某个数为底的对数函数，如代码清单 3-1 所示。

代码清单 3-1　匿名函数

```
from math import log  # 引入 Python 数学库的对数函数
```

```
# 此函数用于返回一个以 base 为底的匿名对数函数
def make_logarithmic_function(base):
    return lambda x:log(x,base)

# 创建了一个以 3 为底的匿名对数函数，并赋值给了 My_LF
My_LF = make_logarithmic_function(3)

# 使用 My_LF 调用匿名函数，参数只需要真数即可，底数已设置为 3。而使用 log() 函数需要同时指定真数和对数。如果我们每次都是求以 3 为底数的对数，使用 My_LF 更方便。
print My_LF(9)

# result: 2.0
```

* 代码详见：示例程序 /code/3-1.py

3.2 函数参数

Python 中的函数参数主要有 3 种形式，分别是：

1）位置或关键字参数。

2）任意数量的位置参数。

3）任意数量的关键字参数。

我们在阅读函数时，需要注意函数的参数列表，没有带默认值的参数需要我们往函数传递值，而带默认值的参数可以不传递值。

1. 位置或关键字参数

这种参数是 Python 默认的参数类型，函数的参数定义为该类参数后，可以通过位置参数，或者关键字参数的形式传递参数，例如：

```
def  fun2(a,b,c):
    print a,b,c
# 可以使用位置参数
>>>fun2(1,2,3)                    # 输出 1,2,3

# 可以使用关键字参数，关键字参数间的顺序没有关系
```

```
>>>fun2(a=1,c=3,b=2)              # 输出1,2,3

#也可以混合使用位置参数和关键字参数，但位置参数必须在关键字参数的前面
>>>fun2(1,c=3,b=2)                # 输出1,2,3
>>>func(a=1,2,3)                  # 报错
```

函数参数列表中可以定义**默认参数**，但Python不允许带默认值的参数定义在没有默认值的参数之前，因为这样写是有歧义的。假设允许定义：

```
def  fun3(a=1,b):
    print a,b
```

那么我调用fun3（2），虽然程序员希望a=1，b=2，但Python的位置参数是按顺序赋值的，程序会先把2赋值给a，从而没有参数赋值给b了，所以程序会报错。如果改成：

```
def  fun3(a,b=2):
    print a,b
```

调用fun3（1）时，按照顺序，先将1赋值给a，虽然后面没有参数传入，但b已经有默认值，因此这样写程序没有歧义，输出1，2。

2. 任意数量的位置参数

任意数量的位置参数在定义的时候是需要一个**星号前缀**来表示的，在传递参数的时候，可以在原有参数的后面添加0个或多个参数，这些参数将会被放在元组内并传入函数。任意数量的位置参数（一个星号前缀）必须定义在位置或关键字参数（无须星号）之后，且在任意数量的关键字参数（两个星号前缀）之前。如：

```
def  fun4(str1,*numbers):
    print str , numbers
>>>fun4("numbers:",1,2,3,4)  #输出<function fun4 at 0x000000000A69BD68> (1, 2, 3, 4)
```

def fun4（*numbers，str1）这样定义参数列表是不允许的，因为同样有歧义。

3. 任意数量的关键字参数

任意数量的关键字参数在定义的时候，参数名称前面需要有两个星号（**）作为前缀，这样定义出来的参数，在传递参数的时候，可以在原有的参数后面添加任意0个或

多个关键字参数，这些参数会被放到字典内并传入到函数中。带两个星号前缀的参数必须定义在所有带默认值的参数之后。

```
def  fun4(a=1,*numbers,**kwargs):
    print a,numbers,kwargs
>>>fun4(4,2,3,4,b=2,c=3)
# 输出 4 (2, 3, 4) {'c': 3, 'b': 2}
```

3.3 可变对象与不可变对象

Python 的所有对象可分为**可变对象和不可变对象**（见表 3-1）。所谓可变对象是指，对象的内容可变，而不可变对象是指对象内容不可变。

表 3-1 可变对象与不可变对象

不可变对象	数值类型，字符串，元组
可变对象	字典，列表

我们在前面已经介绍过数值类型是不可变对象，当程序尝试改变数据的值时，程序会重新生成新的数据，而不是改变原来的数据。

之所以本书要将这部分内容放到函数这一章，是因为 Python 函数的参数都是对象的**引用**。如果在引用不可变对象中尝试修改对象，程序会在函数中生成新的对象，函数外被引用的对象则不会被改变。请看下面一个函数：

```
def  add1(num):
    num +=1
```

执行 num = 1，add1（num），然后再输出 num 的值，发现 num 的值还是 1。这是因为主程序中的 num 与函数中的 num 是不一样的，具体一点说，它们的地址不一样，所以改变函数中的 num 值时并不会改变函数外的 num。如果希望改变主程序的 num 值，可以通过返回值实现。

但如果参数是一个列表：

```
def  add_ele(list):
    list.append(3)
>>>L= [1,2]
>>>add_ele(L)
```

输出 L 时你会发现 L 变成了 [1，2，3]，这是因为函数的参数是引用。

如果我们希望赋值时可变对象不进行引用，而是重新分配地址空间并将数据复制，我们可以利用 Python 的 copy 模块。其中主要的函数有 copy.copy 和 copy.deepcopy。

1）copy.copy 仅仅复制父对象，不会复制父对象内部的子对象。

2）copy.deepcopy 复制父对象和子对象。

下面给出了一个很好的例子，如代码清单 3-2 所示。

代码清单 3-2　深复制与浅复制

```
# 深复制与浅复制
import copy
list1 = [1,2,['a','b']]
list2 = list1
list3 = copy.copy(list1)
list4 = copy.deepcopy(list1)
list1.append(3)
list1[2].append('c')

print 'list1 = ',list1
print 'list2 = ',list2
print 'list3 = ',list3
print 'list4 = ',list4

# result:
# list1 =  [1, 2, ['a', 'b', 'c'], 3]
# list2 =  [1, 2, ['a', 'b', 'c'], 3]
# list3 =  [1, 2, ['a', 'b', 'c']]
# list4 =  [1, 2, ['a', 'b']]
```

* 代码详见：示例程序 /code/3-3.py

3.4　作用域

Python 在创建、改变或查找变量名时都是在**命名空间**中进行的，更准确地说，是在特定**作用域下**进行的。所以我们需要使用某个变量名时，应清晰地知道其作用域。由于 Python 不能声明变量，所以变量第一次被赋值的时候已经与一个特定作用域绑定了。更通俗地说，在代码中给一个变量赋值的地方决定了这个变量将存在于哪个作用域，它可见的位置在哪里。

首先举一个函数的例子，如果有这样的函数：

```
def defin_x():
    x = 2
```

然后执行命令：

```
>>> x = 1
>>>defin_x()
>>>print x
>>>1
```

执行函数 defin_x 后函数外的 x 的值没有变化。这是因为整段程序中存在两个 x，起初在函数体外创建了一个 x，接着执行 defin_x() 时又在函数内部创建了一个新的 x 和一个新的命名空间。第二个 x 的作用域是 defin_x() 函数的内部代码块，赋值语句 x = 2 仅在局部作用域（即函数内部）起作用。所以它不会使得函数外的 x 发生改变。我们把函数内的变量称为**局部变量**（Local Variable），而在主程序中的变量称为**全局变量**（Global Variable）。在函数内部是可以访问到全局变量的：

```
def print_x():
    print x
>>>x = 1
>>>print_x()
>>>1
```

程序没有发生报错并正确返回了 1，所以在函数内部同样可以使用全局变量。

通过前面的例子我们已经知道，函数内既可访问局部变量也可访问全局变量。如果局部变量和全局变量出现重名，那最终会访问哪一个呢？实际上，第一个例子已经说明了这个问题，在局部作用域中，如果全局变量与局部变量重名，那么全局变量会被局部变量屏蔽。如果想访问全局变量，可以使用 globals 函数：

```
def print_x():
    x = 2
    print  globals()['x']
>>> x = 1
>>>print_x()
>>>1
```

再考虑另一个方向的问题：我们如何在函数内创建全局变量呢？可以使用 global 进行声明：

```
def defin_x():
    global x
    x = 2
>>>x = 1
>>>defin_x()
>>>print x
>>>2
```

函数内部使用 global 声明了变量名 x 的作用域是全局的，因而程序访问的是全局变量 x。虽然 global 似乎很好用，但我建议程序中尽量少用 global，它会使代码变得混乱，可读性变差。相反，局部变量会使代码更加抽象，封装性更好。一个好的函数只有输入和输出能够和函数外的程序进行联系。

3.5 上机实验

1. 实验目的

- ❑ 掌握函数的编写和变量的作用域。

2.实验内容

使用递归算法，编写一个函数计算斐波那契数列的第 n 项（注意使用该算法求斐波那契数列是很低效的，这里仅作为程序编写的练习）。

```
样本输入：n=10
样本输入：89
```

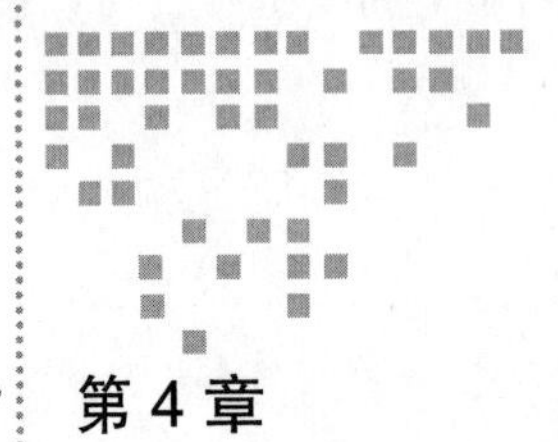

Chapter 4 第 4 章

面向对象编程

在前面讲解了 Python 的主要内建对象类型（数字，列表，元组，字典，字符串），本章我们将介绍如何自定义对象。Python 是一门**面向对象编程**的语言，因此自定义对象是 Python 语言的一个核心。本章将先从面向对象的思想开始，然后逐步介绍 Python 的类和对象。类使得程序设计更加抽象，通过类的**继承**（Inheritance）和**组合**（Composition）使得程序语言更接近人类的语言。

4.1 简介

1. 简单的例子

面向对象出现以前，结构化程序设计是程序设计的主流，结构化程序设计又称为面向过程的程序设计。面向过程是分析出解决问题所需要的步骤，然后用函数一步一步实现这些步骤，使用的时候一个一个依次调用就可以了。而面向对象是把构成问题的事务分解成各个对象，建立对象的目的不是为了完成一个步骤，而是为了描叙某个事物在整个解决问题的步骤中的行为。例如五子棋，面向过程的设计思路就是首先分析问题的步骤：①开始游戏，②黑子先走，③绘制画面，④判断输赢，⑤轮到白子，⑥绘制画面，⑦判断输赢，⑧返回步骤 2，⑨输出最后结果。把上面每个步骤分别用函数来实现，问题就解决了。而面向对象的设计则是从另外的思路来解决问题。整个五子棋可以分为：①黑白双方，这两方的行为是一模一样的；②棋盘系统，负责绘制画面；③规则系统，负责判定诸如犯规、输赢等。第一类对象（玩家对象）负责接受用户输入，并告知第二类对象（棋盘对象）棋子布局的变化，棋盘对象接收到了棋子的输入就要负责在屏幕上面显示出这种变化，同时利用第三类对象（规则系统）来对棋局进行判定。可以明显地看出，面向对象是以功能来划分问题，而不是步骤。同样是绘制棋局，在面向过程的设计中，需要多个步骤执行该任务。但这样很可能导致不同步骤的绘制棋局程序不同，因为设计人员会根据实际情况对绘制棋局的程序进行简化。而面向对象的设计中，绘图只可能在棋盘对象中出现，从而保证了绘图的统一。

2. 面向对象的优点

在面向过程程序设计中，问题被看作一系列需要完成的任务，解决问题的焦点集中于函数。其中函数是面向过程的，即它关注如何根据规定的条件完成指定的任务。在多函数程序中，许多重要的数据被放置在全局数据区，这样它们可以被所有的函数访问。每个函数都可以具有它们自己的局部数据。这种结构很容易造成全局数据在无意中被其他函数改动，因而程序的正确性不易保证。面向对象程序设计的出发点之一就是弥补面向过程程序设计中的一些缺点：对象是程序的基本元素，它将数据和操作紧密地连接在一起，并保护数据不会被外界的函数意外地改变。因此面向对象有如下优点：

1）数据抽象的概念可以在保持外部接口不变的情况下改变内部实现，从而减少甚至避免对外界的干扰。

2）通过继承可以大幅减少冗余的代码，并可以方便地扩展现有代码，提高编码效率，也降低了出错概率，降低了软件维护的难度。

3）结合面向对象分析、面向对象设计，允许将问题域中的对象直接映射到程序中，减少软件开发过程中中间环节的转换过程。

3. 何时使用面向对象编程

面向对象的程序与人类对事物的抽象理解密切相关。举一个例子，虽然我们不知道精灵宝可梦这款游戏（又名口袋妖怪）的具体源码，但可以确定的是，它的程序是通过面向对象的思想编写的。我们将游戏中的每种精灵看作一个类，而具体的某只精灵就是其中一个类的一个实例对象，所以每种精灵的程序具有一定的独立性。程序员可以同时编写多只精灵的程序，它们之间不会相互影响。为什么这里我们不能使用面向过程编程呢？大家试想一下，如果程序员要开发新的精灵，那么就必须对之前的程序做大规模的修改，以使程序的各个函数能够正常工作（以前的函数没有新精灵的数据）。现在的程序和软件开发都是使用面向对象编程的，最重要的原因还是其良好的抽象性。但对于小型程序和算法来说，面向对象的程序一般会比面向过程的程序慢，所以我们编写程序需要掌握两种思想，发挥出它们的长处。

4.2 类与对象

下面我们正式创建自己的类，这里我们使用 Python 自定义精灵宝可梦中的小火龙，如代码清单 4-1 所示。

代码清单 4-1 自定义类 1

```
class Charmander:
    def setName(self,name):
        self.name = name
    def getName(self):
        return  self.name
    def getInfo(self):
        return  self
```

* 代码详见：示例程序 /code/4-2.py

类的定义就像函数定义，用 class 语句替代了 def 语句，同样需要执行 class 的整段代码这个类才会生效。进入类定义部分后，会创建出一个新的局部作用域，后面定义的类的**数据属性**和**方法**都是属于此作用域的局部变量。上面创建的类很简单，只有一些简单的方法。当捕捉到精灵的时候，首先要为其起名字，所以我们先编写函数 setName() 和 getName()。似乎函数中 self 参数有点奇怪，我们尝试建立具体的对象来探究该参数的作用。

```
>>>pokemon1 = Charmander()
>>>pokemon2 = Charmander()
```

```
>>>pokemon1.setName('Bang')
>>>pokemon2.setName('Loop')
>>>print pokemon1.getName()
Bang
>>>print pokemon2.getName()
Loop
>>> print pokemon1.getInfo()
<__main__.Charmander instance at 0x02F26B98>
>>> print pokemon2.getInfo()
<__main__.Charmander instance at 0x02F26AF8>
```

创建对象和调用一个函数很相似，使用类名作为关键字创建一个类的对象。实际上 Charmander 的括号里是可以有参数的，后面我们会讨论到。我们捕捉了两只精灵，一只名字为 Bang，另一只为 Loop，并且对它们执行 getName()，名字正确返回。观察 *getInfo*() 的输出，返回的是包含地址的具体对象的信息，可以看到两个对象的地址是不一样的。self 的作用与 C++ 的 *this 指针类似，在调用 Charmander 的 setName 和 getName 函数时，函数都会自动把该对象的地址作为第一个参数传入（该信息包含在参数 self 中），这就是为什么我们调用函数时不需要写 self，而在函数定义时需要把 self 作为第一个参数。传入对象的地址是相当必要的，如果不传入地址，程序就不知道要访问类的哪一个对象。

类的每个对象都会有各自的数据属性。Charmander 类中有数据属性 name，这是通过 setName() 函数中的语句 self.name = name 创建的。这个语句中的两个 name 是不一样的，它们的作用域不一样。第一个 name 通过 self 语句声明的作用域是类 Charmander() 的作用域，将其作为 pokenmon1 的数据属性进行存储，而后面的 name 的作用域是函数的局部作用域，与参数中的 name 相同。而后面 getName() 函数返回的是对象中的 name。

4.3 __init__ 方法

从深一层的逻辑去说，我们捕捉到精灵的那一刻应该已经起好了名字，而并非捕捉后再去设置。所以这里我们需要的是一个初始化的手段。Python 中的 __init__ 方法用于初始化类的实例对象。__init__ 函数的作用一定程度上与 C++ 的构造函数相似，但并不等于。C++ 的构造函数是使用该函数去创建一个类的示例对象，而 Python 执行 __init__ 方法时实例对象已被构造出来。__init__ 方法会在对象构造出来后自动执行，所以可以用于初始化我们所需要的数据属性。修改 Charmander 类的代码，如代码清单 4-2 所示。

代码清单 4-2 自定义类 2

```
class Charmander:
    def __init__(self,name,gender,level):
        self.type = ('fire',None)
        self.gender = gender
        self.name = name
        self.level = level
        self.status = [10+2*level,5+1*level,5+1*level,5+1*level,5+1*level,5+1*
            level]
        # 最大 HP，攻击，防御，特攻，特防，速度
    def getName(self):
        return self.name
    def getGender(self):
        return self.gender
    def getType(self):
        return self.type
    def getStatus(self):
        return self.status
```

* 代码详见：示例程序 /code/4-3.py

这里我们增加了几个数据属性：性别、等级、能力、属性。连同前面的名字，都放在 __init__ 方法进行初始化。数据属性是可以使用任意数据类型的，小火龙属性是火，而精灵可能会有两个属性，如小火龙经过两次进化成为喷火龙后，属性变为火和飞行。为保持数据类型的一致性，所以我们使用元组存储，并让小火龙的第二个属性为 None。由于小火龙的属性是固定的，所以在 __init__ 的输入参数不需要 type。而精灵的能力会随着等级不同而不同，所以在初始化中也需要实现这一点。我们创建实例对象测试代码：

```
>>>pokemon1 = Charmander('Bang','male',5)
>>>pokemon2 = Charmander('Loop','female',6)
>>>print pokemon1.getName(),pokemon1.getGender(),pokemon1.getStatus()
Bang male [20, 10, 10, 10, 10, 10]
>>>print pokemon2.getName(),pokemon2.getGender(),pokemon2.getStatus()
Loop female [22, 11, 11, 11, 11, 11]
```

这时候创建实例对象就需要参数了，实际上这是 __init__ 函数的参数。__init__ 自动将数据属性进行了初始化，然后调用相关函数能够返回我们需要的对象的数据属性。

4.4 对象的方法

1. 方法引用

本节我们详细探讨对象的方法，类的方法和对象的方法是一样。我们在定义类的方法时程序没有为类的方法分配内存，而在创建具体实例对象的程序才会为对象的每个数据属性和方法分配内存。我们已经知道定义类的方法是 def 定义的，具体定义格式与普通函数相似，只不过类的方法的第一个参数需要为 self 参数。我们可以用普通函数实现对对象函数的引用：

```
>>>pokemon1 = Charmander('Bang','male',5)
>>>getStatus1 = pokemon1.getStatus
>>>print getStatus1()
[20, 10, 10, 10, 10, 10]
```

虽然这看上去似乎是调用了一个普通函数，但是 getStatus1() 这个函数是引用 pokmemon1.getStatus() 的，意味着程序还是隐性地加入了 self 参数。

2. 私有化

另外我们再谈谈私有化。使用代码清单 4-3，我们发现如果要获取对象的数据属性并不需要通过 getName(), getType() 等方法，直接在程序外部调用数据属性即可：

```
>>> print pokemon1.type , pokemon1.getType()
('fire', None) ('fire', None)
>>> print pokemon1.gender , pokemon1.getGender()
male male
```

虽然这似乎很方便，但是却违反了类的封装原则。对象的状态对于类外部应该是不可访问的。为什么要这样做？我们查看 Python 的模块的源码时会发现源码里面定义的很多类，模块中的算法通过使用类实现是很常见的，如果我们使用算法时能够随意访问对象中的数据属性，那么很可能在不经意中修改了算法中已经设置的参数，这是十分糟糕的。尽管我们不会刻意这么做，但是这种无意的改动是常有的事。一般封装好的类都会有足够的函数接口供程序员使用，程序员没有必要访问对象的具体数据属性。

为防止程序员无意地修改了对象的状态，我们需要对类的数据属性和方法进行私有化。Python 不支持直接私有方式，但可以使用一些小技巧达到私有特性的目的。为了让方法的数据属性或方法变为私有，只需要在它的名字前面加上双下划线即可，修改Charmander类代码，如代码清单4-3所示：

代码清单 4-3 自定义类 3

```
class Charmander:
    def __init__(self,name,gender,level):
        self.__type = ('fire',None)
        self.__gender = gender
        self.__name = name
        self.__level = level
        self.__status = [10+2*level,5+1*level,5+1*level,5+1*level,5+1*level,5+
            1*level]
        # 最大 HP，攻击，防御，特攻，特防，速度
    def getName(self):
        return self.__name
    def getGender(self):
        return self.__gender
    def getType(self):
        return self.__type
    def getStatus(self):
        return self.__status
    def level_up(self):
        self.__status = [s+1 for s in self.__status]
        self.__status[0]+=1  # HP 每级增加 2 点，其余 1 点
    def __test(self):
        pass
```

* 代码详见：示例程序 /code/4-4.py

```
>>> pokemon1 = Charmander('Bang','male',5)
>>> print pokemon1.type
Traceback (most recent call last):
    File "C:/Users/faker/Desktop/class3.py", line 24, in <module>
        print pokemon1.type
AttributeError: Charmander instance has no attribute 'type'
>>>print pokemon1.getType()
('fire', None)
>>>pokemon1.test()
Traceback (most recent call last):
    File "C:/Users/faker/Desktop/class3.py", line 26, in <module>
        pokemon1.test()
AttributeError: Charmander instance has no attribute 'test'
```

现在在程序外部直接访问私有数据属性是不允许的，我们只能通过设定好的接口函

数去调取对象的信息。不过通过双下划线实现的私有化实际上是“伪私有化”，实际上我们还是可以做到从外部访问这些私有数据属性。

```
>>>print pokemon1._Charmander__type
('fire', None)
```

Python 使用的是一种 name_mangling 技术，将 __membername 替换成 _class__membername，在外部使用原来的私有成员时，会提示无法找到，而上面执行 pokemon1._Charmander__type 是可以访问。简而言之，确保其他人无法访问对象的方法和数据属性是不可能的，但是使用这种 name_mangling 技术是一种程序员不应该从外部访问这些私有成员的强有力信号。

可以看到代码中还增加了一个函数 level_up()，这个函数用于处理精灵升级时能力的提升。我们不应该在外部修改 pokemon 的 status，所以应准备好接口去处理能力发生变化的情景。函数 level_up() 仅是一个简单的例子，在工业代码中，这样的函数接口是大量的，程序需要对它们进行归类并附上相应的文档说明。

3. 迭代器

我们前面接触到的 Python 容器对象都可以用 for 遍历，如代码清单 4-4 所示：

代码清单 4-4 迭代器

```
for element in [1, 2, 3]:
    print element
for element in (1, 2, 3):
    print element
for key in {'one':1, 'two':2}:
    print key
for char in "123":
    print char
for line in open("myfile.txt"):
    print line
```

* 代码详见：示例程序 /code/4-4.py

这种风格十分简洁方便。for 语句在容器对象上调用了 iter(), 该函数返回一个定义了 next() 方法的迭代器对象，它将在容器中逐一访问元素。当容器遍历完毕，next() 找不到后续元素时，next() 会引发一个 StopIteration 异常，告知 for 循环终止。例如：

```
>>> L = [1 , 2 , 3]
>>> it  = iter (L)
>>> it
<listiterator object at 0x0302E050>
>>> it.next()
1
>>> it.next()
2
>>> it.next()
3
```

当知道迭代器协议背后的机制后，我们便可以把迭代器加入到自己的类中。我们需要定义一个 __iter__() 方法，它返回一个有 next 方法的对象。如果类定义了 next()，__iter__() 可以只返回 self。再次修改类 Charmenda 的代码，通过迭代器能输出对象的全部信息，如代码清单 4-5 所示。

代码清单 4-5　自定义类 4

```
class Charmander:
    def __init__(self,name,gender,level):
        self.__type = ('fire',None)
        self.__gender = gender
        self.__name = name
        self.__level = level
        self.__status = [10+2*level,5+1*level,5+1*level,5+1*level,5+1*level,5+
            1*level]
        self.__info = [self.__name,self.__type,self.__gender,self.__level,self.
            __status]
        self.__index = -1
        # 最大 HP，攻击，防御，特攻，特防，速度
    def getName(self):
        return self.__name
    def getGender(self):
        return self.__gender
    def getType(self):
        return self.__type
    def getStatus(self):
        return self.__status
    def level_up(self):
        self.__status = [s+1 for s in self.__status]
        self.__status[0]+=1  # HP 每级增加 2 点，其余 1 点
    def __iter__(self):
        print '名字 属性 性别 等级 能力'
        return self
```

```
    def next(self):
        if self.__index ==len(self.__info)-1:
            raise StopIteration
        self.__index += 1
        return self.__info[self.__index]
```

* 代码详见：示例程序 /code/4-4.py

4.5 继承

面向对象的编程带来的好处之一是代码的重用，实现这种重用方法之一是通过**继承**机制。继承是两个类或多个类之间的父子关系，子类继承了基类的所有公有数据属性和方法，并且可以通过编写子类的代码扩充子类的功能。开个玩笑地说，如果人类可以做到儿女继承了父母的所有才学并加以拓展，那么人类的发展至少是现在的数万倍。继承实现了数据属性和方法的重用，减少了代码的冗余度。

那么我们何时需要使用继承呢？如果我们需要的类中具有公共的成员，且具有一定的递进关系，那么就可以使用继承，且让结构最简单的类作为基类。一般来说，子类是父类的特殊化，如下面的关系：

哺乳类动物 ——> 狗 ——> 特定狗种

特定狗种类继承狗类，狗类继承哺乳动物类，狗类编写了描述所有狗种公有的行为的方法而特定狗种类则增加了该狗种特有的行为。不过继承也有一定弊端，可能基类对于子类也有一定特殊的地方，如某种特定狗种不具有绝大部分狗种的行为，当程序员没有理清类间的关系时，可能使得子类具有了不该有的方法。另外，如果继承链太长的话，任何一点小的变化都会引起一连串变化，我们使用的继承要注意控制继承链的规模。

继承语法：class 子类名（基类名 1，基类名 2，…）基类写在括号里，如果有多个基类，则需要全部都写在括号里，这种情况称为**多继承**。在 Python 中继承有以下一些特点：

1）在继承中基类初始化方法 __init__ 不会被自动调用。如果希望子类调用基类的 __init__ 方法，需要在子类的 __init__ 方法中显示调用了它。这与 C++ 和 C# 区别很大。

2）在调用基类的方法时，需要加上基类的类名前缀，且带上 self 参数变量。注意在类中调用该类中定义的方法时不需要 self 参数。

3）Python 总是首先查找对应类的方法，如果在子类中没有对应的方法，Python 才会在继承链的基类中按顺序查找。

4）在 Python 继承中，子类不能访问基类的私有成员。

我们最后一次修改类 Charmander 的代码，如代码清单 4-6 所示：

代码清单 4-6　自定义类 5

```
class pokemon:
    def __init__(self,name,gender,level,type,status):
        self.__type = type
        self.__gender = gender
        self.__name = name
        self.__level = level
        self.__status = status
        self.__info = [self.__name,self.__type,self.__gender,self.__level,
            self.__status]
        self.__index = -1
    def getName(self):
        return self.__name
    def getGender(self):
        return self.__gender
    def getType(self):
        return self.__type
    def getStatus(self):
        return self.__status
    def level_up(self):
        self.__status = [s+1 for s in self.__status]
        self.__status[0]+=1  # HP 每级增加 2 点，其余 1 点
    def __iter__(self):
        print '名字 属性 性别 等级 能力'
        return self
    def next(self):
        if self.__index ==len(self.__info)-1:
            raise StopIteration
        self.__index += 1
        return self.__info[self.__index]

class Charmander(pokemon):
    def __init__(self,name,gender,level):
```

```
        self.__type = ('fire',None)
        self.__gender = gender
        self.__name = name
        self.__level = level
        # 最大HP，攻击，防御，特攻，特防，速度
        self.__status = [10+2*level,5+1*level,5+1*level,5+1*level,5+1*level,5+1*
            level]
        pokemon.__init__(self,self.__name,self.__gender,self.__level,self.__type,
            self.__status)
```

* 代码详见：示例程序 /code/4-5.py

```
>>> pokemon1 = Charmander('Bang','male',5)
>>> print pokemon1.getGender()
male
>>> for info in pokemon1:
        print info
Bang ('fire', None) male 5 [20, 10, 10, 10, 10, 10]
```

我们定义了 Charmander 类的基类 pokemon，将精灵共有的行为都放到基类中，子类仅仅需要向基类传输数据属性即可。这样做可以很轻松地定义其他基于 pokemon 类的子类。因为精灵宝可梦的精灵有数百只，使用继承的方法大大减少了代码量，且当需要对全部精灵进行整体修改时仅需修改 pokemon 类即可。可以看到我们 Charmander 类的 __init__ 函数中显示调用了 pokemon 类的 __init__ 函数，并向基类传输数据，这里注意要加 self 参数。Charmander 类没有继承基类的私有数据属性，因此在子类中只有一个 self.__type，不会出现因继承所造成的重名情况。为了能更清晰地讲述这个问题，这里再举一个例子，如代码清单 4-7 所示：

代码清单 4-7　私有成员无法继承

```
class animal:
    def __init__(self,age):
        self.__age = age
    def print2(self):
        print self.__age
class dog(animal):
    def __init__(self,age):
        animal.__init__(self,age)
    def print2(self):
        print self.__age
a_animal = animal(10)
```

```
a_animal.print2()
#result: 10
a_dog = dog(10)
a_dog.print2()
# 程序报错, AttributeError: dog instance has no attribute '_dog__age'
```

* 代码详见：示例程序 /code/4-5.py

4.6 上机实验

1. 实验目的

- ❑ 能够运用 Python 编写类，掌握面向对象编程的思想。
- ❑ 掌握类的继承。

2. 实验内容

实验一

定义一个复数类 Complex 使得下面的代码能够工作：

```
c1 = Complex (2,3)         //用复数 2+3i 初始化 c1
c2 = Complex c2(8,-1)      //用复数 8-i 初始化 c2
c1.add(c2)
c1.show()
```

实验二

定义一个抽象基类 Shape，Shape 不需要编写数据成员和方法：

```
class Shape(Object):
    pass
```

在 Shape 类上派生出子类 Rectangle 和 Circle，并在 Rectangle 类上派生出子类 Square。

三者都有获取周长和面积的方法 getCircumference() 和 getArea()。

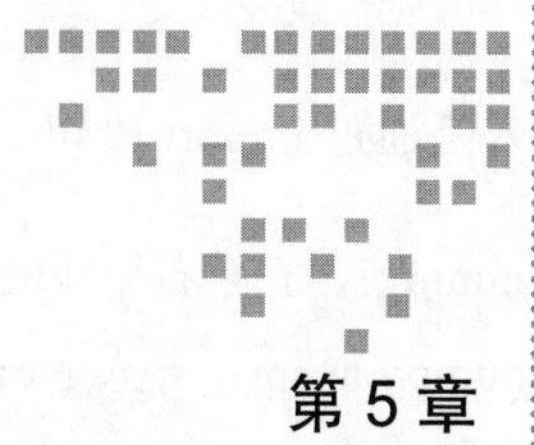

第 5 章　Chapter 5

Python 实用模块

从这一章开始，我们开始讨论 Python 模块并详细介绍多个 Python 必须掌握的模块。通过前面章节的学习，理论上我们已经几乎能够使用 Python 做任何事情。但是如果让你写一段实现矩阵的工业代码，我想这也是一件不容易的事情，不过这段代码已经有人完整地写好了，我们可以在别人的基础上进行深一层的研究，这就需要模块。如果要看得更远，我们就需要站在巨人的肩膀上。通过引入模块，我们能够调用别人写好的函数和类，而不必重新做别人已经做好的东西。Python 的模块使得程序员能够轻松地分享自己的成果，这也是 Python 这门开源语言的一个亮点。

5.1　什么是模块

模块是最高级别的程序组织单元，它能够将程序代码和数据封装以便重用。模块往往对应了 Python 的脚本文件（.py），包含了所有编写该模块的程序员定义的函数和变量。模块可以被别的程序导入，以使用该模块的函数等功能，这也是使用 Python 标准库的方法。导入模块后，在该模块文件定义的所有变量名都会以被导入模块对象的成员的形式被调用。换言之，模块文件的全局作用域变成了模块对象的局部作用域。因此模块能够划分系统命名空间，避免了不同文件变量重名的问题。Python 的模块使得独立的文件连接成了一个巨大的程序系统。

模块的导入是通过 import 语句，下面是三种 import 语句的格式：

- import numpy：直接导入 NumPy 模块。
- import numpy as np：导入 NumPy 模块后并将其改名为 np。
- from numpy import array：从 NumPy 模块中导入其中的 array 方法。

5.2 NumPy

NumPy 是一个 Python 科学计算的基础模块。NumPy 不但能够完成科学计算的任务，也能够被用作有效的多维数据容器，用于存储和处理大型矩阵。NumPy 的数据容器能够保存任意类型的数据，这使得 NumPy 可以无缝并快速地整合各种数据。在性能上 NumPy 比起 Python 自身的嵌套列表结构要高效得多。Python 在科学计算的其他模块大多数都是在 NumPy 的基础上编写的。

1. 创建数组

NumPy 有多种方法去创建数组，例如通过元组和列表。代码清单 5-1 是 NumPy 创建数组的一个实例。

代码清单 5-1　NumPy 创建数组

```
import numpy as np                          # 导入模块

print '''创建数组'''
arr1 = np.array([2,3,4])                    # 通过列表创建数组
arr2 = np.array([(1.3,9,2.0),(7,6,1)]) # 通过元组创建数组
arr3 = np.zeros((2,3))                      # 通过元组 (2,3) 生成零矩阵 ( 矩阵也是数组的一种 )
arr4 = np.identity(3)                       # 生成 3 维的单位矩阵
arr5 = np.random.random(size = (2,3))  # 生成每个元素都在 [0,1] 之间的随机矩阵
arr6 = np.arange(5,20,3)   # 生成等距序列 , 参数为起点 , 终点 , 步长值 . 含起点值, 不含终点值
arr7 = np.linspace(0,2,9) # 生成等距序列 , 参数为起点 , 终点 , 步长值 . 含起点值和终点值

print arr1
# result:
# [2 3 4]
print arr2
# result:
```

```
# [[ 1.3  9.   2. ]
#  [ 7.   6.   1. ]]
print arr3
# result:
# [[ 0.  0.  0.]
#  [ 0.  0.  0.]]
print arr4
# result:
# [[ 1.  0.  0.]
#  [ 0.  1.  0.]
#  [ 0.  0.  1.]]
print arr5
# result:
# [[ 0.31654004  0.87056375  0.29050563]
#  [ 0.55267505  0.59191276  0.20174988]]
print arr6
# result: [ 5  8 11 14 17]
print arr7
# result: [ 0.    0.25  0.5   0.75  1.    1.25  1.5   1.75  2.  ]
```

* 代码详见：示例程序 /code/5-2.py

2. 访问数组

创建数组后，NumPy 有很多方法接口去访问数组的属性。在科学计算时，我们需要频繁访问数组元素，通过 NumPy 索引、切片和迭代器方法能够快速灵活地访问数组，如代码清单 5-2 所示。

代码清单 5-2　NumPy——访问数组

```
# 查看数组的属性
print arr2.shape              # 返回矩阵的规格
# result: (2,3)
print arr2.ndim               # 返回矩阵的秩
# result: 2
print arr2.size               # 返回矩阵元素总数
# result: 6
print arr2.dtype.name         # 返回矩阵元素的数据类型
# result: float64
print type(arr2)              # 查看整个数组对象的类型
# result: <type 'numpy.ndarray'>

# 通过索引和切片访问数组元素
def f(x,y):
    return 10*x+y
```

```
arr8 = np.fromfunction(f,(4,3),dtype = int)
print arr8
# result:
# [[ 0  1  2]
# [10 11 12]
# [20 21 22]
# [30 31 32]]
print arr8[1,2]                 # 返回矩阵第 1 行，第 2 列的元素（注意下标从 0 开始）
# result: 12
print arr8[0:2,:]               # 切片，返回矩阵前 2 行
# result:
# [[ 0  1  2]
#  [10 11 12]]
print arr8[:,1]                 # 切片，返回矩阵第 1 列
# result: [ 1 11 21 31]
print arr8[-1]                  # 切片，返回矩阵最后一行
# result: [30 31 32]

# 通过迭代器访问数组元素
for row in arr8:
    print row
# result:
# [0 1 2]
# [10 11 12]
# [20 21 22]
# [30 31 32]
for element in arr8.flat:
    print element
# 输出矩阵全部元素
```

* 代码详见：示例程序 /code/5-2.py

3. 数组的运算

NumPy 的运算是相当方便高效的，其运算符都是针对整个数组，比起使用 for 循环，使用 NumPy 的运算方法在速度上要优秀得多，如代码清单 5-3 所示。如果 NumPy 数组是一个矩阵，还支持矩阵求逆、转置等操作。

代码清单 5-3 NumPy——数组的运算

```
print '''数组的运算'''
arr9 = np.array([[2,1],[1,2]])
arr10 = np.array([[1,2],[3,4]])
```

```
print arr9 - arr10
# result:
# [[ 1 -1]
#  [-2 -2]]
print arr9**2
# result:
# [[4 1]
#  [1 4]]
print 3*arr10
# result:
# [[ 3  6]
#  [ 9 12]]
print arr9*arr10                    # 普通乘法
# result:
# [[2 2]
#  [3 8]]
print np.dot(arr9,arr10)            # 矩阵乘法
# result:
# [[ 5  8]
#  [ 7 10]]
print arr10.T                       # 转置
# result:
# [[1 3]
#  [2 4]]
print np.linalg.inv(arr10)          # 返回逆矩阵
# result:
# [[-2.   1. ]
#  [ 1.5 -0.5]]
print arr10.sum()                   # 数组元素求和
# result: 10
print arr10.max()                   # 返回数组最大元素
# result: 4
print arr10.cumsum(axis = 1)        # 按行累计总和
# result:
# [[1 3]
#  [3 7]]
```

* 代码详见：示例程序 /code/5-2.py

4. NumPy 通用函数

许多数学上的函数，如 sin、cos 等在 NumPy 都有重新的实现。在 NumPy 中，这些函数称为通用函数（Universal Functions）。通用函数是针对整个 NumPy 数组的，因此我

们不需要对数组的每一个元素都进行一次操作，它们都是以 NumPy 数组作为输出的，如代码清单 5-4 所示。

代码清单 5-4 NumPy 通用函数

```
print '''NumPy 通用函数 '''
print np.exp(arr9)        # 指数函数
# result:
# [[ 7.3890561   2.71828183]
#  [ 2.71828183  7.3890561 ]]
print np.sin(arr9)        # 正弦函数 (弧度制)
# result:
# [[ 0.90929743  0.84147098]
#  [ 0.84147098  0.90929743]]
print np.sqrt(arr9)       # 开方函数
# result:
# [[ 1.41421356  1.        ]
#  [ 1.          1.41421356]]
print np.add(arr9,arr10)  # 和 arr9+arr10 效果一样
# result:
# [[3 3]
#  [4 6]]
```

* 代码详见：示例程序 /code/5-2.py

5. 数组的合并和分割

下面介绍如何通过方法接口对数组进行合并和分割，如代码清单 5-5 所示：

代码清单 5-5 数组合并与分割

```
print ''' 数组合并与分割 '''
# 合并
arr11 = np.vstack((arr9,arr10))   # 纵向合并数组，由于与堆栈类似，故命名为 vstack
print arr11
# result:
# [[2 1]
#  [1 2]
#  [1 2]
#  [3 4]]
arr12 = np.hstack((arr9,arr10))   # 横向合并数组
print arr12
# result:
# [[2 1 1 2]
```

```
#  [1 2 3 4]]
# 分割
print np.hsplit(arr12,2)          # 将数组横向分为两部分
# result:
# [array([[2, 1],
#        [1, 2]]),
# array([[1, 2], [3, 4]])]
print np.vsplit(arr11,2)          # 数组纵向分为两部分
# result:
# [array([[2, 1],
#        [1, 2]]),
# array([[1, 2], [3, 4]])]
```

* 代码详见：示例程序 /code/5-2.py

由于篇幅所限，上面未能将 NumPy 的所有方法逐一介绍，以下附一张 NumPy 上面未涉及但却常用的方法清单，如表 5-1 所示，方便读者更好地了解 NumPy 的功能。

表 5-1　其他 NumPy 常用方法

方法	效果或用途	返回类型
np.empty	返回一个给定规模的数组	NumPy 数组
np.all	测试数组元素是否均为 True	True 或 False
np.any	测试数组元素是否有至少一个为 True	True 或 Fasle
np.average	计算加权平均值	NumPy 数组
np.nonzero	返回数组非 0 元素的位置	记录位置元组
np.sort	对数组元素进行排序	NumPy 数组
np.var	计算方差	NumPy 数组
np.where	返回数组满足条件的元素	NumPy 数组
np.reshape	转换数组的规模但不更改其中的数据	NumPy 数组
np.reshape	转换数组的规模	NumPy 数组
np.eye	生成单位矩阵	NumPy 数组
np.transpose	矩阵转置，与 .T 效果相同	NumPy 数组
np.std	计算标准差	NumPy 数组
np.cov	给定数据和权重计算协方差矩阵	NumPy 数组

5.3　Pandas

Pandas 模块是一个强大的数据分析和处理工具。它提供快速、灵活、富有表现力的

数据结构，能为复杂情形下的数据提供坚实的基础分析功能。所谓复杂情形，可能有以下 3 种：

- 数据库表或 Excel 表，包含了多列不同数据类型的数据（如数字、文字）。
- 时间序列类型的数据，包括有序和无序的情形，甚至是频率不固定的情形。
- 任意的矩阵型 / 二维表 / 观测统计数据，允许独立的行或列带有标签。

对于数据科学家，和数据打交道的流程可以分为几个阶段：清洗数据、分析和建模、组织分析的结果并以图表的形式展示出来。举个例子，如果我们要处理多个城市一段时间内的天气观测数据，那可能会对数据分析工具提出以下需求：处理丢失的部分数据记录、取出某城市的相关数据子集、将分析结果合并、对数据做分组聚合等。幸运的是，这些功能在 Pandas 模块中都已经被实现，并且提供了方便的函数接口。

接下来，将会详细介绍 Pandas 模块中基本的高级数据结构，以及学习如何使用 Pandas 模块中经典的数据分析和处理方法，以提高数据分析的效率。

官方提倡的模块导入语法为：import pandas as pd。

1. Pandas 中的高级数据结构

为了开始使用 Pandas，你需要熟悉两个重要的数据结构：系列（Series）和数据框（DataFrame）。有了它们，你可以利用 Pandas 在计算机内存中构建一个虚拟的数据库。

2. 数据框

我们首先介绍数据框，它的结构与矩阵神似，但与矩阵不同。数据框中每列表示一个变量，每行则是一次观测，行列交汇的某个单元格，对应该变量的某次具体的观测值，如图 5-1 所示。

	age	cash	id
0	18	10.53	Jack
1	35	500.70	Sarah
2	20	13.60	Mike

图 5-1 数据框示例

数据框有行和列的索引（index），能让你快速地按索引访问数据框的某几行或某几列，在 DataFrame 里的面向行和面向列的操作大致是对称的。

有很多方法来创建一个数据框，但最常用的是用一个包含相等长度列表的字典或 NumPy 数组来创建。需要注意的是：数据框创建时会根据内置的多种规则对数据进行排序，导致结果的行列位置可能不一样，但数据的对应关系不会出现任何错位。代码清单5-6为创建数据框实例。

代码清单 5-6　创建数据框

```
import pandas as pd        # 为pandas取一个别名pd
data = {'id': ['Jack', 'Sarah', 'Mike'],
        'age': [18, 35, 20],
        'cash': [10.53, 500.7, 13.6]}
df = pd.DataFrame(data)    # 调用构造函数并将结果赋值给df
print df
# result:
#    age   cash    id
# 0   18   10.53  Jack
# 1   35  500.70  Sarah
# 2   20   13.60  Mike
```

*代码详见：示例程序 /code/5-3.py

从上述代码的输出可以观察到：由于没有显式声明，行索引自动分配，并且对列名(列索引)进行了排序。而代码清单5-7应用了pd.DataFrame()中更高级的参数设置，显式地声明了列名排序方式和行索引。

代码清单 5-7　创建数据框的高级用法

```
df2 = pd.DataFrame(data, columns=['id', 'age', 'cash'],index=['one', 'two', 
'three'])
print df2
# result:
#          id   age    cash
# one     Jack   18   10.53
# two    Sarah   35  500.70
# three   Mike   20   13.60
```

*代码详见：示例程序 /code/5-3.py

获取数据框中的某一列是非常方便的，我们只需要呼唤它的名字，如代码清单5-8所示。

代码清单 5-8　获取数据框的某一列

```
print df2['id']
```

```
# result:
# one      Jack
# two     Sarah
# three      Mike
# Name: id, dtype: object
```

* 代码详见：示例程序 /code/5-3.py

3. 系列

代码清单 5-8 实际上得到了一个系列。顾名思义，系列是对同一个属性进行多次观测之后得到的一列结果。用统计学的语言说，它们服从某种分布。我们可以认为，系列是一种退化的数据框，也可以认为它是一种广义的一维数组。在默认情况下，系列的索引是自增的非负整数列（0，1，2，3，…）。值得注意的是，同个系列的数据共享一个列名，而数组不要求。在时间序列（Time Series）的相关问题中，系列（Series）这一数据结构有宝贵的价值。创建系列的代码如代码清单 5-9 所示。

代码清单 5-9　创建系列

```
s = pd.Series({'a': 4, 'b': 9, 'c': 16}, name='number')
print s
# result:
# a   4
# b   9
# c   16
# Name: number, dtype: int64
```

* 代码详见：示例程序 /code/5-3.py

4. 基础数据处理方法

系列可以认为是数据框的一个子集。因此，应首先关注系列的基础操作。代码清单 5-10 为按下标访问数据的实例。

代码清单 5-10　按下标访问（call-by-index）

```
print s[0]
# result: 4
print s[:3]
```

```
# result:
# a     4
# b     9
# c    16
# Name: number, dtype: int64
```

* 代码详见：示例程序 /code/5-3.py

类似于数组，系列支持按索引访问内容，如代码清单 5-11 所示。更有趣的是，系列还支持类似字典的访问方式——按键值（列名）访问。

代码清单 5-11　按索引访问（call-by-Index）

```
print s['a']
# result: 4
s['d'] = 25        # 如果系列中本身没有这个键值，则会新增一行
print s
# result:
# a     4
# b     9
# c    16
# d    25
# Name: number, dtype: int64
```

* 代码详见：示例程序 /code/5-3.py

同时，作为一种高级数据结构，系列同样支持向量化操作。也就是说，我们能够同时对一个系列的所有取值执行同样的操作，一致地应用某种方法，如代码清单 5-12 所示。

代码清单 5-12　向量化操作（Vectorized operations）

```
import numpy as np
print np.sqrt(s)
# result:
# a    2.0
# b    3.0
# c    4.0
# d    5.0
# Name: number, dtype: float64
print s*s
# result:
```

```
# a     16
# b     81
# c    256
# d    625
# Name: number, dtype: int64
```

* 代码详见：示例程序 /code/5-3.py

数据框可被看作是一个字典，其中字典的键是系列对应的名字（列名），字典的取值是系列所有的观测值。如代码清单 5-6 中提到的 data 变量。因此，增、删、改、查等操作的语法大致是相同的，如代码清单 5-13 所示。

代码清单 5-13 数据框列的查、增、删

```
printdf['id']      # 按列名访问 (call-by-column)
# result:
# one        Jack
# two       Sarah
# three      Mike
# Name: id, dtype: object

df['rich'] = df['cash'] > 200.0
print df
# result:
#    age    cash     id   rich
# 0   18   10.53   Jack  False
# 1   35  500.70  Sarah   True
# 2   20   13.60   Mike  False

deldf['rich']
print df
# result:
#    age    cash     id
# 0   18   10.53   Jack
# 1   35  500.70  Sarah
# 2   20   13.60   Mike
```

* 代码详见：示例程序 /code/5-3.py

随着读者研究的不断深入，很快便会在阅读 Pandas 官方文档[⊖]的过程中意识到：许

⊖ Pandas 官方文档网址：http://pandas.pydata.org/pandas-docs/stable/api.html

多数据框能够支持的功能，如统计频数和分组聚集等，都能够在系列下找到相似的实现；只不过数据框允许你对多列的数据同时进行操作，如以多个标准（性别 × 年龄）分组。

由于篇幅所限，在此仅能给读者介绍基本的概念和用法。下面附一张 Pandas 常用方法清单，如表 5-2 所示，帮助读者更快掌握利用 Pandas 进行数据分析和处理的基本要领。

表 5-2 Pandas 常用方法清单

方法名称	效果或用途	返回类型
pd.read_csv()	将 .csv 文件中的数据读入内存，快速构建数据框	数据框
pd.concat()	按横向或纵向方向合并两个 Pandas 数据结构	系列或数据框
pd.get_dummies()	将类别变量转变为独热编码（One-hot Encoding）	数据框
Series.isnull()	判断某个系列中是否含有空值	同维的 0-1 系列
Series.is_unique	判断某个系列中的所有值是否存在重复	布尔值
Series.value_counts()	统计某个系列中所有取值出现的次数	统计所得的系列
DataFrame.mean()	按行或按列分别计算平均值	系列或数据框
DataFrame.dropna()	删除所有缺失数据的行或列	数据框
DataFrame.drop_duplicates()	删除所有重复的行	数据框
DataFrame.head()	默认返回数据框中的前五行，以验证数据样式	数据框
Dataframe.tail()	默认返回数据框中的最后五行	数据框

由上述方法体现的功能可看出，Pandas 模块已经为各种数据分析与处理的刚需实现了对应的方法。在官方文档中将能看到更多详细的参数设置说明。相信拥有了这一把“瑞士军刀”，读者进行数据分析时将会如鱼得水。Pandas 模块支持我们将数据快速读入内存之中，并以此创建一个数据框。简而言之，有了 Pandas，我们就能拥有一个“内存中的数据库”。希望读者记住，我们能够通过 SQL 语句对数据库完成的操作，在数据框中都能更有效率地完成。唯一的不足之处是：内存通常是非常有限的资源。

5.4 SciPy

在 Python 的科学计算中，SciPy 为数学、物理、工程等方面涉及的科学计算提供无可替代的支持，其主要子模块汇总如表 5-3 所示。它是一个基于 NumPy 的高级模块，在符号计算、信号处理、数值优化等任务中有突出表现，覆盖了绝大部分科学计算领域。

我们在 5.2 节中提到，NumPy 引入二维数组和矩阵，使得它们作为与表格最相似的数据结构，能极大提高数据分析的效率。

表 5-3 SciPy 主要子模块汇总表

子模块名称	相关领域 / 用途描述
scipy.cluster	主流的聚类算法
scipy.constants	数学和物理常数
scipy.fftpack	快速傅里叶变换
scipy.integrate	求解积分和常微分方程
scipy.linalg	线性代数
scipy.ndimage	*n* 维图像处理
scipy.signal	信号处理
scipy.spatial	空间数据结构和算法
scipy.stats	统计分布及相关函数

在 NumPy 基础上发展而来的 SciPy，拥有更丰富的外延。在此，仅向读者介绍 SciPy 基础。其中最重要的是："向量化思想"，包括"符号计算"和"函数向量化"。

1. 符号计算

众所周知，程序中使用的变量仅代表一个空间，真正参与运算的是这个空间中存放的内容或取值。也就是说，数学中最常见的代数表达式，如 x^2+x+1，在程序中是没有意义的。

但这就是 SciPy 的特别之处。它能够支持符号计算。我们有两种等价的方式去处理一元 *n* 次多项式，从而可以不加赋值地进行符号计算。其中一种方式就是使用 NumPy 中的 plot1d 类。它可以通过多项式系数或者多项式的根显式地声明一个多项式，并进行加、减、乘、除、积分、求导等操作，如代码清单 5-14 所示。

代码清单 5-14 符号计算例子

```
# -*- coding:utf-8 -*-
from scipy import poly1d
p = poly1d([3, 4, 5])
print p
# result:
#    2
# 3 x + 4 x + 5

print p*p
# result:
#   4      3      2
# 9 x + 24 x + 46 x + 40 x + 25

print p.integ(k=6) # 求 p(x) 的不定积分，指定常数项为 6
# result:
#   3   2
# 1 x + 2 x + 5 x + 6
print p.deriv()    # 求 p(x) 的一阶导数
# result:
```

```
# 6 x + 4

p([4, 5])          # 计算每个值代入p(x)的结果
# result:
# array([ 69, 100])
```

* 代码详见：示例程序 /code/5-4.py

代码清单 5-14 中输出的第一个结果实际上代表一个多项式：$3x^2+4x+5$。同样地，第二个结果代表 $9x^4+24x^3+46x^2+40x+25$. 可以说，NumPy 和 SciPy 让 Python 能够完成科学计算的需求，这也给读者一个使用 Python 替代 MATLAB 的理由。在接下来的章节，读者将会看到 Matplotlib 对 MATLAB 在绘图方面的模仿与改进。

2. 函数向量化

在 MATLAB 中，我们把大部分的数据维护成向量的形式。而编写 MATLAB 代码时，为了增强程序的健壮性，通常的做法是使函数接受向量形式的参数传入，以达到高效的运算或处理效率。

Python 无法彻底地支持这一点，但 SciPy 很好地弥补了这个缺憾。有一个很特别的用法，便是将函数本身作为参数，传递给 vectorize() 函数作为其参数，经过处理返回一个能接受向量化输入的函数，如代码清单 5-15 所示。

代码清单 5-15　函数向量化示例

```
# -*- coding:utf-8 -*-
import numpy as np

def addsubtract(a, b):    # 按照原始定义，仅接受可比较的数字作为参数
    if a > b:
        return a - b
    else:
        return a + b

vec_addsubtract = np.vectorize(addsubtract)
print vec_addsubtract([0, 3, 6, 9], [1, 3, 5, 7])
# result:
# [1 6 1 2]
```

* 代码详见：示例程序 /code/5-4.py

当你使用 SciPy 模块时，你很可能需要优化、信号处理、函数变换等功能。如果你打算自己实现这些功能以应对特殊的需求，那么这个特别的函数将使你的工作量大大减少。同时，你的代码将更加优雅。

带上这种向量化操作的思想深入学习 SciPy，相信读者会更加容易上手。

5.5 scikit-learn

本节介绍的是 Python 在机器学习方面一个非常强力的模块——scikit-learn。scikit-learn 是在 NumPy、SciPy 和 Matplotlib 三个模块上编写的，是数据挖掘和数据分析的一个简单而有效的工具。在其官方网站上我们可以看到 scikit-learn 有 6 大功能：分类（Classification），回归（Regression），聚类（Clustering），降维（Dimensionality Reduction），模型选择（Model Selection）和预处理（Preprocessing）。下面先将简单介绍机器学习和 scikit-learn 的应用。

1. 机器学习的问题

一般来说，我们可以这样理解机器学习的问题：我们有 n 个样本（sample）的数据集，想要预测未知数据的属性。如果样本的数据是多维的，那么我们就说样本具有多个属性或特征。

我们可以将学习问题分为以下两类：

1）**有监督学习（Supervised Learning）**是指数据中包括了我们想要预测的属性，即目标变量，而有监督学习问题有以下两类：

- **分类（Classification）**：样本属于两个或多个类别，我们希望通过从已标记类别的数据学习，来预测未标记数据的分类。例如，识别手写数字就是一个分类问题，其目标是将每个输入向量对应到有穷的数字类别。从另一种角度来思考，分类是一种有监督学习的离散（相对于连续）形式，对于 n 个样本，一方有对应的有限个类别数量，另一方则试图标记样本并分配到正确的类别。
- **回归（Regression）**：如果希望的输出是一个或多个连续的变量，那么这个问题称为回归，比如用三文鱼的年龄和体重去预测其长度。

2）**无监督学习（Unsupervised Learning）**：无监督学习的训练数据包括了输入向量X的集合，但没有相应的目标变量。这类问题的目标可以是发掘数据中相似样本的分组，被称作聚类（Clustering）；也可以是确定输入样本空间中的数据分布，被称作密度估计(Density Estimation)；还可以是将数据从高维空间投射到两维或三维空间，以便进行数据可视化。

2. scikit-learn的数据集

scikit-learn有一些标准数据集，比如分类的iris和digits数据集和用于回归的波士顿房价（Boston House Prices）数据集。针对digits数据集的任务是给定一个8*8像素数组，程序能够预测这64个像素代表哪个数字，图5-2所示。

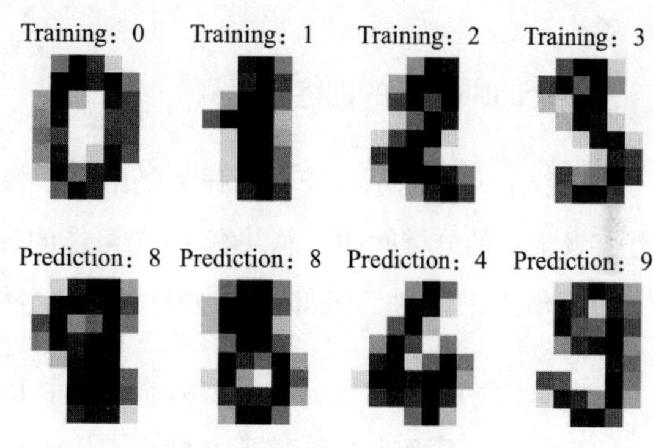

图5-2　手写数字识别示意图

下面，我们尝试用Python加载digits数据集，如代码清单5-16所示。

代码清单5-16　加载digits数据集

```
from sklearn import datasets

# 数据集类似字典对象，包括了所有的数据和关于数据的元数据(metadata)。
# 数据被存储在.data成员内，是一个n_samples*n_features的数组。
# 在有监督问题的情形下，一个或多个因变量(response variables)被储存在.target成员中

digits = datasets.load_digits()

# 例如在digits数据集中，digits.data是可以用来分类数字样本的特征
print digits.data
# result:
# [[  0.   0.   5. ...,   0.   0.   0.]
#  [  0.   0.   0. ...,  10.   0.   0.]
#  [  0.   0.   0. ...,  16.   9.   0.]
#  ...,
#  [  0.   0.   1. ...,   6.   0.   0.]
#  [  0.   0.   2. ...,  12.   0.   0.]
```

```
# [ 0.   0.  10. ...,  12.   1.   0.]]

#digits.target 给出了 digits 数据集的目标变量，即每个数字图案对应的我们想预测的真实数字
print digits.target
# result:
# [0 1 2, ..., 8 9 8]
```

* 代码详见：示例程序 /code/5-5.py

3. scikit-learn 的训练和预测

接着上面的例子，我们的任务是给定一幅像素图案，预测其表示的数字。这是一个有监督学习的分类问题，总共有 10 个可能的分类（数字 0 ～ 9）。我们将训练一个预测器（Estimator）来预测（Predict）未知样本所属分类。

在 scikit-learn 中，分类的预测器是一个 Python 对象，具有方法 fit（X，y）和 predict（test）方法。下面这个预测器的例子是 sklearn.svm.SVC，实现了支持向量机分类。创建分类器需要模型参数，但现在我们暂时先将分类器看作是一个黑盒。代码清单 5-17 展现了整个训练和预测的过程：

代码清单 5-17 训练和预测

```
from sklearn import svm

# 选择模型参数
clf = svm.SVC(gamma=0.0001,C=100)

# 我们的预测器的名字叫做 clf。现在 clf 必须通过 fit 方法来从模型中学习。
# 这个过程是通过将训练集传递给 fit 方法来实现的。我们将除了最后一个样本的数据全部作为训练集。

# 进行训练
clf.fit(digits.data[:-1], digits.target[:-1])

# 进行预测
print clf.predict([digits.data[-1]])
# result: 8
```

* 代码详见：示例程序 /code/5-5.py

如图 5-3 所示，最后一个像素图案显示出数字 8，和我们的预测结果一致。关于 scikit-learn 我们暂时介绍到这里，在后面的第 8 和第 9 章我们也会用到此模块。

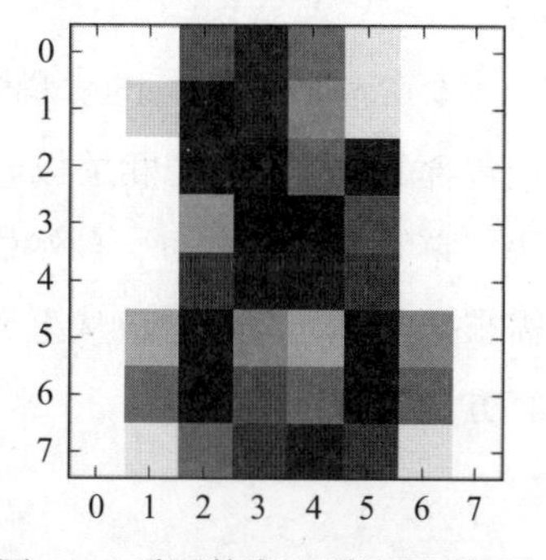

图 5-3 手写数字识别的测试图片

5.6 其他 Python 常用模块

限于篇幅，还有很多 Python 处理数据挖掘的模块没有介绍，本节将附一个表格对 Python 处理数据挖掘常用模块进行简单介绍，如表 5-4 所示。

表 5-4 Python 常用模块

模块名称	用途
Theano	Theano 是一个 Python 库，用来定义、优化和模拟数学表达式计算，用于高效地解决多维数组的计算问题以及深度学习框架
Keras	Keras 是基于 Theano 的深度学习库，主要用于搭建人工神经网络、自编码器、卷积神经网络等深度学习模型
Gensim	Gensim 是 Python 的自然语言处理模块，包括了自然语言主题模型，用于文本的主题挖掘
StatsModels	StatsModels 是注重数据统计建模分析的数据处理模块，它与 pandas 结合，是当前 Python 的一个强大数据挖掘组合
Pygame	Pygame 是专为电子游戏设计的 Python 模块
NLTK	NLTK（Natural Language Toolkit）是 Python 的自然语言处理模块，包括一系列的字符处理和语言统计模型。NLTK 常用于学术研究和教学，应用的领域有语言学、认知科学、人工智能、信息检索、机器学习等
Mlpy	Mlpy 是基于 NumPy 和 SciPy 的机器学习模块，是 CPython 的拓展应用
PyBrain	PyBrain 是 Python 的一个机器学习模块，主要用于处理神经网络、强化学习、无监督学习、进化算法
Milk	Milk 是 Python 的一个机器学习工具箱，其重点是提高监督分类法与几种有效的分类分析：SVMs（基于 libsvm），kNN，随机森林和决策树等。
Pattern	Pattern 是 Python 的 web 挖掘模块，它绑定了 Google、Twitter 、Wikipedia API，提供网络爬虫、HTML 解析功能，文本分析包括浅层规则解析、WordNet 接口、句法与语义分析、TF-IDF、LSA 等，还提供聚类、分类和图网络可视化的功能
Orange	Orange 是一个基于组件的数据挖掘和机器学习软件套装，它的功能既友好，又很强大，拥有快速而多功能的可视化编程前端，以便浏览数据分析和可视化，且绑定了 Python 以进行脚本开发。它包含了完整的一系列的组件以进行数据预处理，并提供了数据账目、过渡、建模、模式评估和勘探的功能
MXNet	MXNet 是目前深度学习的最新框架，其性能和速度超越了 Theano
XGBoost	XGBoost 是一个速度快、效果好的 boosting 模型，被封装成了 Python 模块。该模块能够自动利用 CPU 的多线程进行并行，同时提高了算法精度。目前有队伍借助该模块夺得了 Kaggle 数据挖掘比赛第一

5.7 小结

本章集中介绍 Python 科学计算与数据挖掘中被广泛认可的实用模块，重点介绍了它们包含的数据结构、相关概念和基础功能。另外，补充介绍 Python 中一些日趋成熟的模块，它们在深度学习、自然语言处理、大规模计算中都有出色表现，为读者后续的学习需求指明方向。读者应从上文的阅读中把握函数的命名规律，在实际任务中，养成查看官方文档的习惯。

5.8 上机实验

1. 实验目的

- ❑ 熟悉 Pandas 模块中数据处理操作。

2. 实验内容

基于给定的数据集（上机实验 /data/data.csv），查找对应方法，完成下列数据处理操作。

- ❑ 判断第一列（Id）是否有缺失值：如果有，则补全。
- ❑ 判断是否有重复记录：如果有，则删除至唯一。
- ❑ 计算成绩的平均值，作为新的一列加入到原数据框中。
- ❑ 寻找平均分最高的记录。
- ❑ 统计每个科目及格（≥ 60 分）的人数。

3. 思考与实验总结

1）如何快速找到对应功能的函数名称与参数说明？

2）上面的处理方法有何逻辑漏洞？如何改进？

3）如何将平均分的展示更加人性化？比如，保留一位小数。

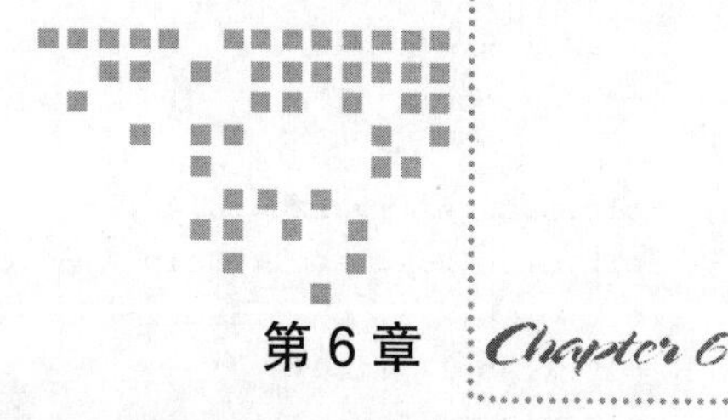

第 6 章　Chapter 6

图表绘制入门

读到这里，相信读者已经掌握了 Python 的语言基础，包括基本概念和数据结构。Python 作为开源语言有一种魔力。那就是吸引众多开发者搭建第三方模块，使其能充分适应复杂现实的挑战，在众多诉求不同的领域中取得出色表现。

图表绘制对于数据分析和可视化环节有不可替代的作用和意义，它能给人带来直观的视觉冲击，快速把握数据的分布和规律。在本章，我们将重点介绍 Matplotlib 和 Bokeh 模块，见识一下 Python 这个多面手的图表绘制能力。

6.1　Matplotlib

Matplotlib 是 Python 中最著名的绘图库。其子库 pyplot 包含大量与 MATLAB 相似的函数调用接口，这种函数式编程的思想非常适合进行交互式制图，如代码清单 6-1 所示。条形图、扇形图、散点图、等高线图等二维或三维图形都是它的拿手好戏（见图 6-1）。

代码清单 6-1　函数式绘图

```
# -*- coding: utf-8 -*-
import numpy as np
import matplotlib.pyplot as plt
```

```
x = np.linspace(0, 10, 1000)
y = np.sin(x)
z = np.cos(x**2)

plt.figure(figsize=(8,4))
plt.plot(x,y,label="$sin(x)$",color="red",linewidth=2)
plt.plot(x,z,"b--",label="$cos(x^2)$")
plt.xlabel("Time(s)")
plt.ylabel("Volt")
plt.title("PyPlot First Example")
plt.ylim(-1.2,1.2)
plt.legend()
plt.show()
```

* 代码详见：示例程序 /code/6-1.py

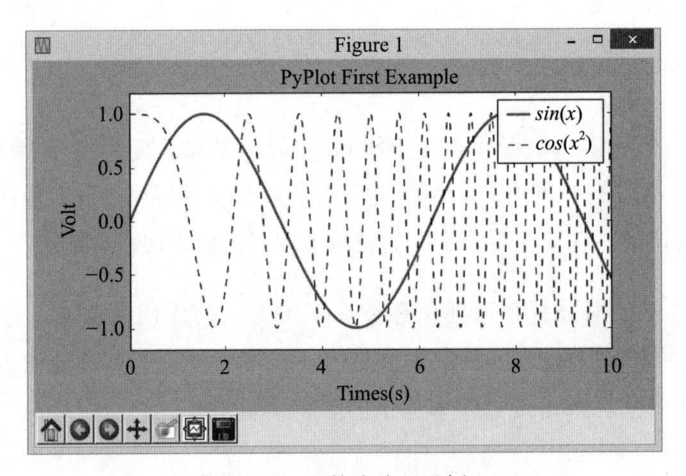

图 6-1 函数式编程示例

它的官方文档多达几百页，相当完备，并在“画廊（Gallery）[⊖]”中附有上百幅示例图及对应源代码。这对于新手非常友好。你可以在其中找到同个类型的图片，并尝试修改对应代码进行创作，如图 6-2 所示。

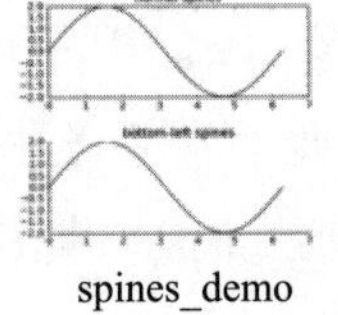

spines_demo

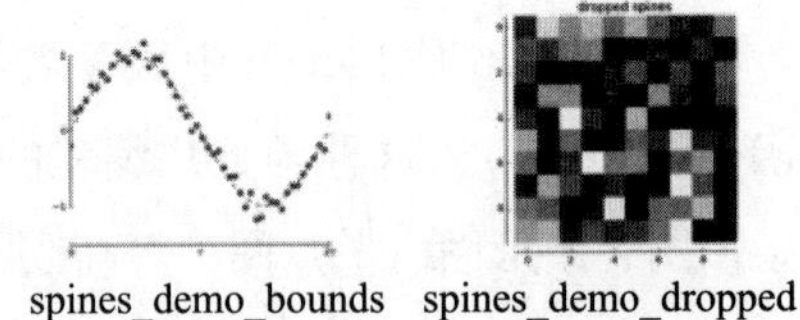

spines_demo_bounds

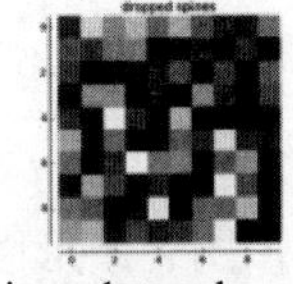

spines_demo_dropped

图 6-2 Matplotlib 官方文档剪影

Matplotlib 这一节作为 Matplotlib 的入门介绍，将通过一个综合绘图示例来理解和学

⊖ Matplotlib Gallery 网址为：http://matplotlib.org/gallery.html

习 Matplotlib 函数式绘图中所涉及的基本概念。

首先介绍的概念是“子图”，如图 6-3 所示。它允许用户将多幅图同时绘制到一个图片窗口之中。这能节省空间，同时允许用户从多个角度展示和解读数据，在数据可视化任务中非常实用。

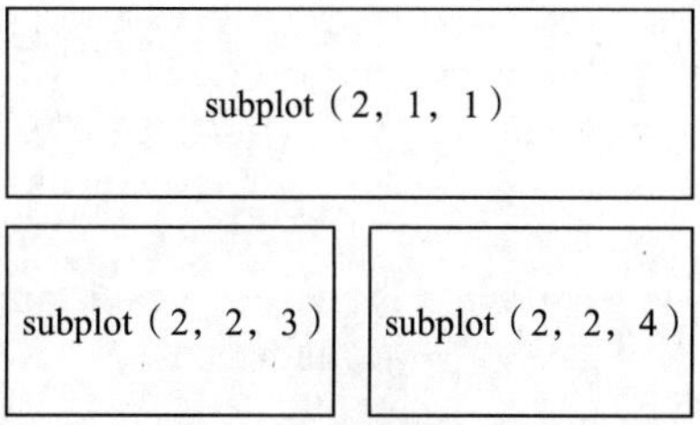

subplot（2，1，1）

subplot（2，2，3）　subplot（2，2，4）

图 6-3　子图效果展示

在函数式绘图中，任何的绘图对象都被看作是一条函数产生的结果。因此，达到这个效果的代码非常简单，如代码清单 6-2 所示。

代码清单 6-2　子图的声明方法

```
# -*- coding:utf-8 -*-
import matplotlib.pylab as plt
import numpy as np
# 第一部分
plt.subplot(2,1,1)            # 参数依次为：行，列，第几项
# 第二部分
plt.subplot(2,2,3)
# 第三部分
plt.subplot(2,2,4)
plt.show()
```

*代码详见：示例程序 /code/6-1.py

接下来，只需要将绘图代码插入两个部分之间，图像就会在用户指定的位置出现。准确地说，插入子图绘制方法 plt.subplot() 之间，如代码清单 6-3 所示。

代码清单 6-3　绘制子图 1——柱状图

```
# -*- coding:utf-8 -*-
import matplotlib.pylab as plt
import numpy as np
# 第一部分
plt.subplot(2,1,1)  # 参数依次为：行，列，第几项
n = 12
X = np.arange(n)
Y1 = (1-X/float(n)) * np.random.uniform(0.5,1.0,n)
Y2 = (1-X/float(n)) * np.random.uniform(0.5,1.0,n)

# 利用 plt.bar(x, y) 绘制柱状图，并指定柱状图颜色，柱子边框颜色
plt.bar(X, +Y1, facecolor='#9999ff', edgecolor='white')
```

```
plt.bar(X, -Y2, facecolor='#ff9999', edgecolor='white')

for x, y in zip(X,Y1):
# 利用 plt.text() 指定文字出现的坐标和内容
    plt.text(x+0.4, y+0.05, '%.2f' % y, ha='center', va='bottom')

# 利用 plt.ylim(y1, y2) 限制图形打印时对应的纵坐标范围
plt.ylim(-1.25,+1.25)

# 第二部分
plt.subplot(2,2,3)
# 第三部分
plt.subplot(2,2,4)
plt.show()
```

*代码详见：示例程序 /code/6-1.py

由代码清单 6-3 可以看出，利用 Matplotlib 的子库 pyplot 绘制图形时，与 MATLAB 中函数式绘图的风格非常相似。无论你需要的是一个柱状图，还是显示在图片上的文字，甚至是控制坐标轴的范围，都通过传递参数给对应的绘图函数的方式来实现。此时，图形的表现力更加丰富了，如图 6-4 所示。

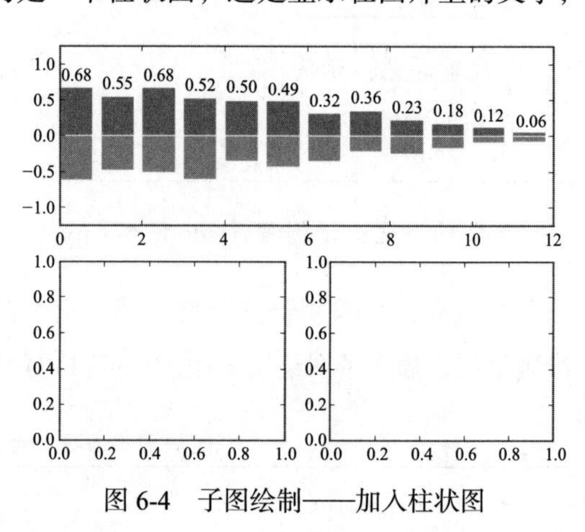

图 6-4　子图绘制——加入柱状图

类似地，我们继续加入饼状图绘制代码和三角函数曲线绘制代码，如代码清单 6-4 所示。饼状图和曲线图结果如图 6-5 所示。值得一提的是：plt.xticks()，plt.yticks() 能够改变坐标轴的刻度文字。通常情况下，绘制三角函数曲线时，我们更加关心 π 及其倍数的对应取值，而非原始的坐标刻度 1，2，3……

代码清单 6-4　加入饼状图和曲线图

```
# -*- coding:utf-8 -*-
import matplotlib.pylab as plt
import numpy as np
# 省略第一部分代码
# 第二部分
plt.subplot(2,2,3)
```

```
n = 20
Z = np.random.uniform(0,1,n)
plt.pie(Z)

# 第三部分
plt.subplot(2,2,4)
X = np.linspace(-np.pi, np.pi, 256,endpoint=True)
Y_C, Y_S = np.cos(X), np.sin(X)

plt.plot(X, Y_C, color="blue", linewidth=2.5, linestyle="-")
plt.plot(X, Y_S, color="red", linewidth=2.5, linestyle="-")

plt.xlim(X.min()*1.1, X.max()*1.1)
plt.xticks([-np.pi, -np.pi/2, 0, np.pi/2, np.pi],
        [r'$-\pi$', r'$-\pi/2$', r'$0$', r'$+\pi/2$', r'$+\pi$'])

plt.ylim(Y_C.min()*1.1, Y_C.max()*1.1)
plt.yticks([-1, 0, +1],
        [r'$-1$', r'$0$', r'$+1$'])
plt.show()
```

* 代码详见：示例程序 /code/6-1.py

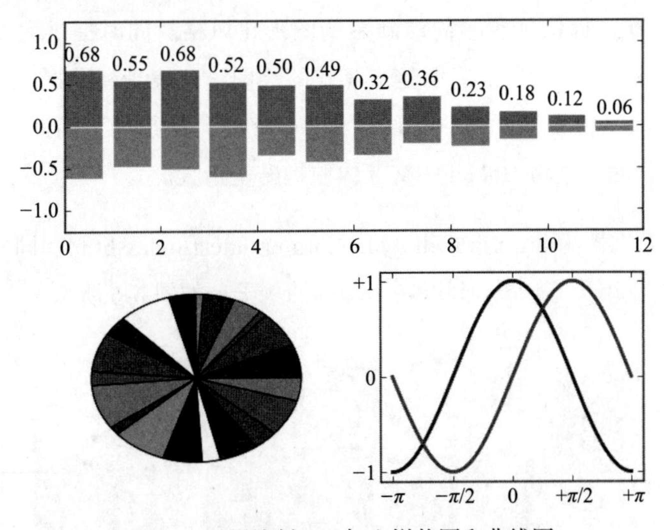

图 6-5　子图绘制——加入饼状图和曲线图

限于篇幅，我们仅能通过一个简单的例子向读者介绍 Matplotlib 中最简单的使用方法和思想。如果读者有更迫切的绘图或数据可视化需求，还请移步到 Matplotlib 的“画廊（Gallery）”页面去欣赏和发掘更符合表达需求的图例。单击对应的图片便可查看源代码。

但为避免误导读者，必须澄清一点：函数式绘图的思想绝不是 Matplotlib 的全部。它同样拥有面向对象式的绘图方法。尽管函数式绘图能快速出图，但有以下缺点需要指出：

1）函数调用的方法影响效率。

2）图形与内容之间的从属关系被传递函数的方式所掩盖，降低了代码的可读性。

3）对于开发者而言，不能直接接触对象，操作对象的数据是致命的。

在上面提及的内容中，它们至少涉及了以下 4 个类：Figure 类，FigureCanvas 类，Axes 类和 Line2D 类。有能力的读者应该朝着这个方向，继续探索。

6.2 Bokeh

与 Matplotlib 不同，Bokeh 是一款针对浏览器中图形演示的交互式绘图工具。它的目标是使用 d3.js 样式提供优雅、简洁新颖的图形化风格，同时提供大型数据集的高性能交互功能。Bokeh 支持用户快速创建交互式的绘图、仪表盘和数据应用。这对于喜爱 d3.js 的可视化效果，但不熟悉 JavaScript 的用户有莫大的帮助。因此，在使用 IPython Notebook 进行编程时，能将 Bokeh 的交互体验提升至最大。

其最新的官方文档为 http://bokeh.pydata.org/en/latest/index.html。同样，它也为用户提供一个精彩的“画廊（Gallery）”以展示基础的例子，如图 6-6 所示。

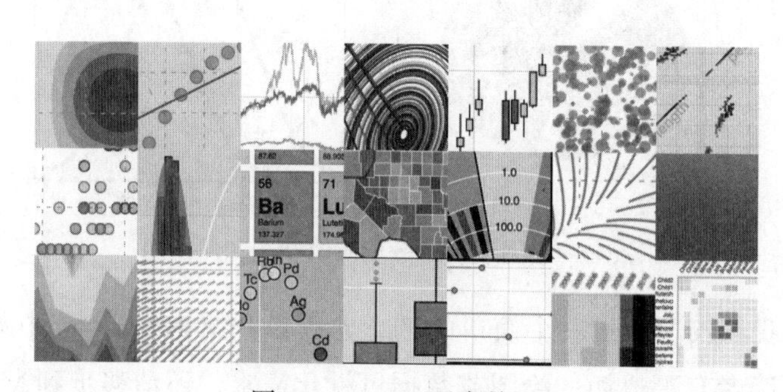

图 6-6 Bokeh 画廊剪影

在此，我们利用一段完整的代码来体验使用Bokeh画图的效果，如代码清单6-5所示。

代码清单6-5　绘制简单折线图

```
# -*- coding:utf-8 -*-
from bokeh.plotting import figure, output_file, show
x = [1, 2, 3, 4, 5]
y = [6, 7, 2, 4, 5]
# 输出为静态文件
output_file("lines.html", title="line plot example")
# 创建一个figure对象，附带标题和坐标轴标记
p = figure(title="simple line example", x_axis_label='x', y_axis_label='y')
# 添加一条线，设置图例
p.line(x, y, legend="Line A.", line_width=2)
show(p)
```

* 代码详见：示例程序/code/6-2.py

当运行代码之后，脚本会自动打开默认的浏览器以展示结果，图6-7便是截自浏览器界面。读者可以使用鼠标滑动以放大或缩小图形的比例，还可以拖动图形至合适的位置。更重要的是，使用右上角的功能按钮进行更多样的交互，包括放大、复位、保存、调试帮助等。

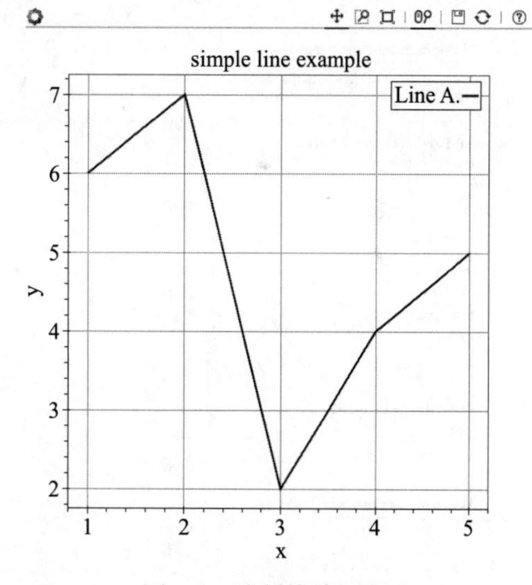

图6-7　绘制简单折线图

在画廊页面⊖中，有非常多生动的交互式例子。例如，交互式的电影检索工具，如图6-8所示（具体链接是http://demo.bokehplots.com/apps/movies）。

我们可以通过左边预设的过滤器（Filter）来改变右边图像的样式和内容。过滤器包括：最小电影评论数、票房、首映时间、奥斯卡奖杯数等。可见，当前有7447部电影被展示在图6-9中。我们将“最小电影评论数”提高到250，以寻找一些经典好片，得到2000年到2014年的49部经典电影。

⊖ Bokeh画廊网页http://bokeh.pydata.org/en/latest/docs/gallery.html

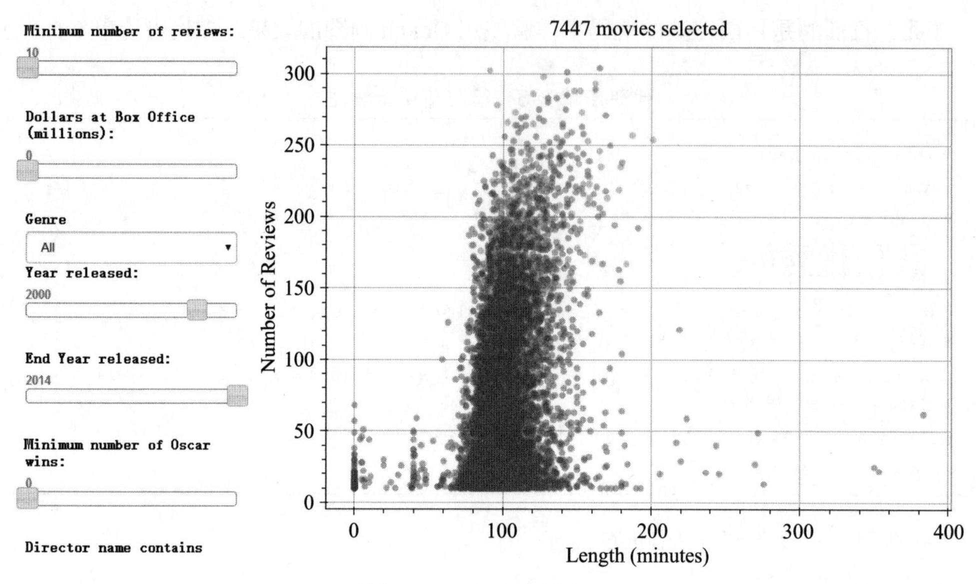

图 6-8 Bokeh 应用之一

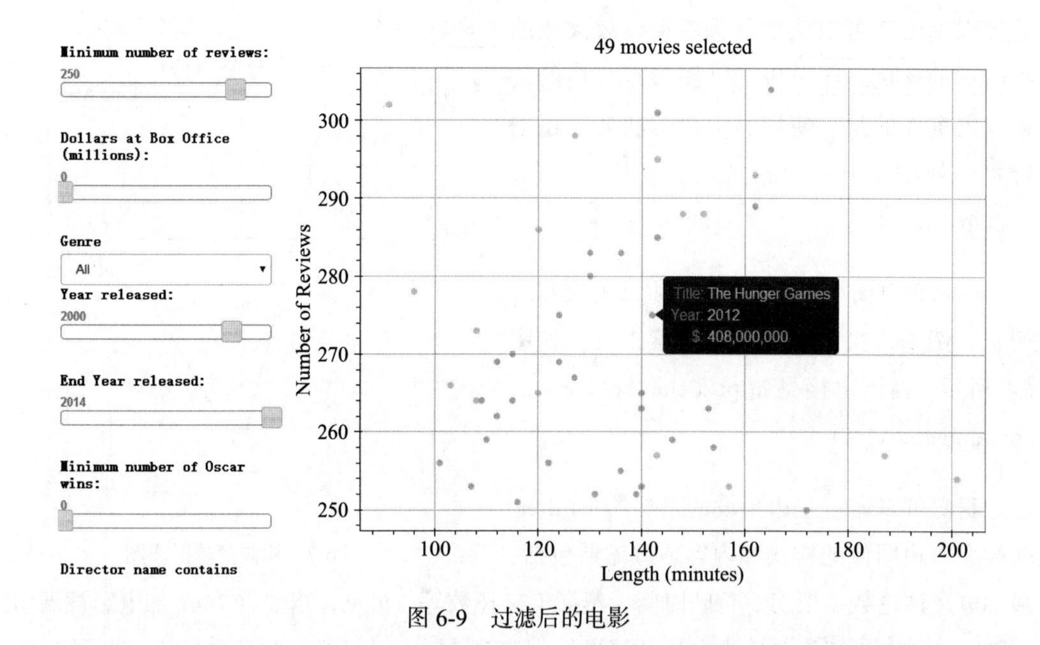

图 6-9 过滤后的电影

将鼠标悬停到某一个具体的点上，交互式响应将显示出这个点对应的电影名称、首映时间和票房信息。图 6-9 中的是 2012 年上映的《饥饿游戏》，官方票房统计高达 4 亿美元。

可视化的目的是汇总数据，展示信息。而交互式绘图能够让信息在合适的时机才出现。这种交互体验优于 Matplotlib，但这意味着开发者要进行更多的准备工作，以支持用户可能的行为。如果仅为绘制简单的统计图表，Matplotlib 将更加高效。

6.3　其他优秀的绘图模块

本书重点讲述的并非可视化部分，而且篇幅有限，在此仅能为读者简单开个头。本着负责任的精神，以下附一张描述可视化任务中优秀模块的功能简介的表格，如表 6-1 所示，希望帮助读者提升视野，在需要深入学习数据可视化时能更有方向感。需要指出的是，大部分场合，Matplotlib 和 Bokeh 都能胜任具体的可视化任务，这也是它们成为 Python 可视化中最出色模块的理由之一。

表 6-1　优秀绘图模块功能简介

模块名称	用途
VisPy	简单快速、可拓展性强的交互式科学（天文、物理等）绘图工具
Glumpy	VisPy 的姐妹项目，专注于 2D/3D 的高性能数据可视化工具
Seaborn	基于 Matplotlib 和 NumPy 等，用于制作表现力强且美观的信息图表
Kivy	快速开发应用程序中创新的用户交互界面，如多点触控
Folium	提供 Leaflet.js 的 Python 编程接口，方便地将数据可视化于地图之上
NetworkX	用于创造、操作、研究和绘制复杂网络的结构图和机理

6.4　小结

可视化在数据挖掘中占据半壁江山，甚至有独立的数据可视化职位。本章主要介绍两个 Python 可视化模块：Matplotlib 和 Bokeh，并通过简明的例子向读者介绍函数式绘图和交互式绘图的特性。

6.5　上机实验

1. 实验目的

- ❑ 熟练使用绘图模块辅助数据分析与挖掘，呈现分析结果。

- 学会查找官方文档，通过官方提供的例子来快速学习基本绘图技巧。

2. 实验内容

阅读 Matplotlib 官方文档，查看“画廊（Gallery）”中的例子并模仿绘图。

- 绘制箱线图，要求每个箱不同色。
- 画出散点图。

3. 思考与实验总结

1）在实际的数据分析中，你认为哪些图形有助于展示数据？

2）画廊中的例子是否全面？还有哪些方法可以找到 Matplotlib 绘图的相关例子？

Part 2

第二部分

建模应用篇

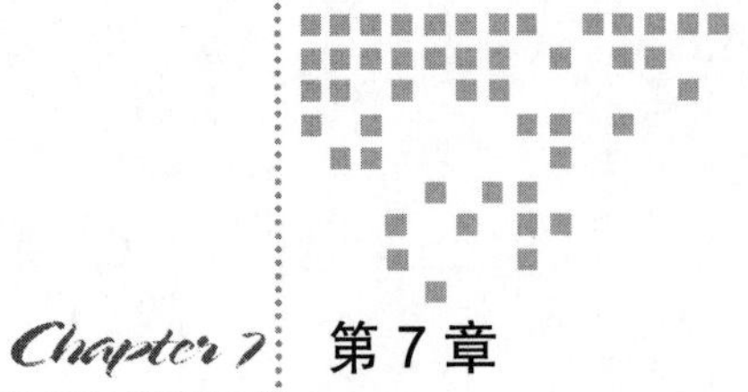

Chapter 7 第 7 章

分类与预测

从第 7 章开始，我们将深入了解数据挖掘中的几大经典算法，并从宏观把握每种算法解决问题时的思路。本书重在理解算法原理和思想，并使用 Python 实现具体的算法，观察结果。最后，给出上机实验供读者学习和挑战。

狭义的数据挖掘（或机器学习）有一个较为固定的流程，包括获取数据、数据清洗、选择合适模型、应用算法求解、参数调优与验证等。同时，因为相关任务往往受到数据变化、计算能力和经验性判断等的限制，所以这个过程中没人能一劳永逸。这个流程中的每一处细节处理，是数据挖掘人才的试金石。

分类与预测是机器学习中有监督学习任务的代表。一般认为：广义的预测任务中，要求估计连续型预测值时，是“回归”任务；要求判断因变量属于哪个类别时，是“分类”任务。

7.1 回归分析

什么是回归分析？回归分析是一项预测性的建模技术。它的目的是通过建立模型来研究因变量和自变量之间的显著关系，即多个自变量对（一个）因变量的影响强度，预测数值型的目标值。

回归分析在管理、经济、社会学、医学、生物学等领域得到了广泛的应用，这种技术的起源最早可以追溯到达尔文（Charles Darwin）时期。当时，他的表兄弟 Francis Galton 正致力于研究父代豌豆种子尺寸对子代豌豆尺寸的影响，采用了回归分析，并同时在多项研究中都注意到这个现象。在 19 世纪高斯系统地提出最小二乘估计后，回归分析开始蓬勃发展。目前，回归分析的研究范围可分为几大板块，如下：

- 回归分析
  - 线性回归
    - 一元线性回归
    - 多元线性回归
    - 多个因变量与多个自变量的回归
  - 回归诊断
    - 从数据推断回归模型基本假设的合理性
    - 基本假设不成立时数据的修正
    - 回归方程拟合效果的判断
    - 回归函数形式的选择
  - 回归变量选择
    - 选择自变量的标准
    - 逐步回归分析法
  - 改进的参数估计方法
    - 偏最小二乘回归
    - 岭回归
    - 主成分回归
  - 非线性回归
    - 一元非线性回归
    - 分段回归
    - 多元非线性回归
  - 含有定性变量的回归
    - 自变量含有定性变量
    - 因变量含有定性变量

常用的回归分析技术是线性回归、逻辑回归、多项式回归和岭回归等。作为入门书籍，在此主要介绍前两种模型的原理和具体实现。

7.1.1　线性回归

线性回归是最简单的回归模型，如图 7-1 所示。它的目的是：在自变量（输入数据）仅一维的情况下，找出一条最能够代表所有观测样本的直线（估计的回归方程）。在自变量（输入数据）高于一维的情况下，找到一个超平面使得数据点距离这个平面的误差（Residuals）最小。而前者的情况在高中数学课本就已经学过，它的解法是普通最小二乘法（Ordinary Least Squares，OLS）。

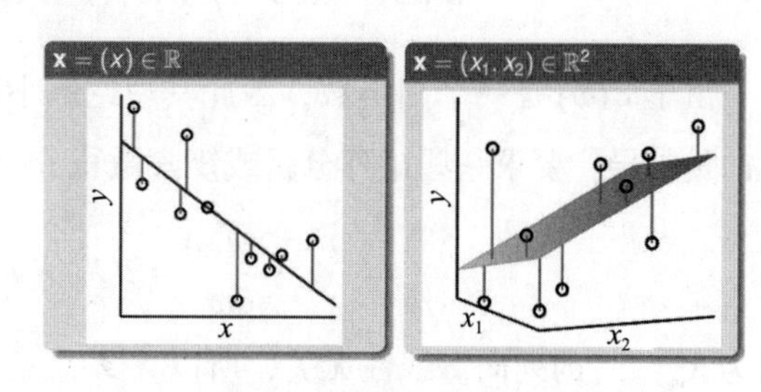

图 7-1　线性回归示意图

线性回归模型的公式如下所示。

$$f(x) = w_1x_1 + w_2x_2 + \cdots + w_nx_n + b \times 1$$

其中，权重 W_i 和常数项 b 是待确定的。这意味着将输入的自变量按一定比例加权求和，得到预测值输出。

1. 算法推导

重述一遍普通最小二乘法是不必要的，我们将详细介绍更容易推广到高维情况的矩阵推导过程。一般来说，数据挖掘算法都会涉及矩阵的表示、运算和结果推导。这是因为矩阵的本质是一张数表，与常见的数据格式很贴合；同时，利用抽象的矩阵来表示算法推导过程非常简洁。读者将会从后续几个算法的推导中逐步感受到。

假设矩阵 $X_{m\times n}$ 代表 m 个样本 n 维特征的数据对应的矩阵，且 $X_{m\times n}$ 的列向量线性无关。通常，我们会在 $X_{m\times n}$ 的最后一列添加一列全为 1 的向量，以对应上述公式中提到的截距。此时，权重向量 $\omega_{(n+1)\times 1}=(w_1,w_2,\cdots,w_n,b)^T$，目标是计算权重向量使得预测值 $X\omega$ 与真实值 y 的均方误差最小。公式如下：

$$\min E(\omega) = |X\omega - y|^2$$

其中，$E(\omega)$ 可化简为如下公式：

$$E(\omega) = (X\omega - y)^T (X\omega - y) = \omega^T X^T X\omega - 2y^T X\omega + y^T y$$

由于 $E(\omega)$ 是一个凸函数，因此其理论最小值出现在偏导数全为 0 处。注意，此处是对向量求导，要求一些矩阵分析或矩阵微积分的计算经验。

$$\frac{\partial E(\omega)}{\partial \omega} = 2(X^T X\omega - X^T y) = 0$$

因为 $X_{m\times(n+1)}$ 的列向量线性无关，所以 X^TX 总是可逆的。化简上式求得：

$$\omega = (X^TX)^{-1}X^Ty$$

显然，如果 $X_{m\times n}$ 退化为一个列向量 $\overline{X}_{m\times 1}$，整个推导过程与简单线性回归 $f(x)= wx+b\times 1$ 对应的普通最小二乘法无异。

2. 算法实现

通过前面的学习我们知道，Python 有强大的第三方扩展模块 sklearn（读作 scikit-learn），实现了绝大部分的数据挖掘基础算法，包括线性回归。下面我们将通过举例说明，如何使用 sklearn 快速实现线性回归模型。这个例子是经典的**波士顿房价预测问题**[⊖]**，如表 7-1 所示。**

表 7-1 波士顿房价预测的部分数据

城镇人均犯罪率	……	住宅平均房间数	……	与五大就业中心的距离	……
0.00632	……	6.575	……	4.09	……
0.02731	……	6.421	……	4.9671	……
0.02729	……	7.185	……	4.9671	……
0.03237	……	6.998	……	6.0622	……
0.06905	……	7.147	……	6.0622	……

* 数据详见：示例程序 /data/BostonHousePricing.csv

直觉告诉我们：数据表 7-1 中住宅平均房间数列与最终房价一般是成正比的，具有某种线性关系。我们利用线性回归来验证想法。同时，作为一个二维的例子，可以在平面上绘出图形，进一步观察图形，如代码清单 7-1 所示，效果见图 7-2。

代码清单 7-1 线性回归 sklearn 实现

```
# -*- coding:utf-8 -*-
import numpy as np
import matplotlib.pyplot as plt
from sklearn.datasets import load_boston
from sklearn.linear_model import LinearRegression

boston = load_boston()
print boston.keys()
# result:
# ['data', 'feature_names', 'DESCR', 'target']

print boston.feature_names
# result:
# ['CRIM' 'ZN' 'INDUS' 'CHAS' 'NOX' 'RM' 'AGE' 'DIS' 'RAD' 'TAX' 'PTRATIO' 'B'
'LSTAT']

# print boston.DESCR              # 取消注释并运行，可查看数据说明文档
```

⊖ 在 sklearn 的安装文件中，已包含此问题对应的数据集。

```
x = boston.data[:, np.newaxis, 5]
y = boston.target
lm = LinearRegression()             # 声明并初始化一个线性回归模型的对象
lm.fit(x, y)                        # 拟合模型，或称为训练模型
print u'方程的确定性系数(R^2): %.2f' % lm.score(x, y)
# result: 方程的确定性系数(R^2): 0.48

plt.scatter(x, y, color='green') # 显示数据点
plt.plot(x, lm.predict(x), color='blue', linewidth=3)    # 画出回归直线
plt.xlabel('Average Number of Rooms per Dwelling (RM)')
plt.ylabel('Housing Price')
plt.title('2D Demo of Linear Regression')
plt.show()
```

* 代码详见：示例程序 /code/7-1-1.py

7.1.2 逻辑回归

分类和回归二者不存在不可逾越的鸿沟。以波士顿房价预测为例：如果将房价按高低分为“高级”、“中级”和“普通”三个档次，那么这个预测问题也属于分类问题。当然，我们要注意保持训练集和测试集的一致性。如果是住房档次的类别预测问题，我们首先应该将原始数据按不同价格区间分档，改写数据后再进行后续步骤。

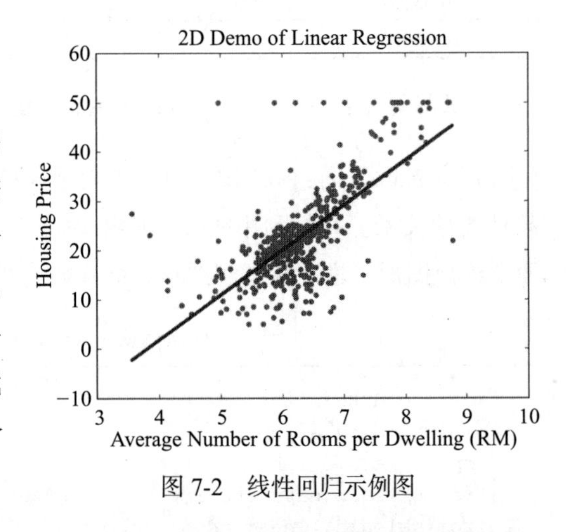

图 7-2 线性回归示例图

准确地说，**逻辑回归**（Logistic Regression）是对数几率回归，属于**广义线性模型**(GLM)，它的因变量一般只有 0 或 1。读者需要明确一件事情：线性回归并没有对数据的分布进行任何假设，而逻辑回归隐含了一个基本假设 h：**每个样本均独立服从于伯努利分布（0-1 分布）**。伯努利分布属于指数分布族，这个大家族还包括：高斯（正态）分布、多项式分布、泊松分布、伽马分布、Dirichlet 分布等。

事实上，假设数据服从某类指数分布，我们可以由线性模型拓展出一类广义线性模型，即通过非线性的**关联函数**（Link Function）将线性函数映射到其他空间上，从而大大扩大了线性模型本身可解决的问题范围。根据数理统计的基础知识，指数分布的概率密度函数可抽象地表示为：

$$P(y;\eta)=b(y)\cdot e^{\eta^T T(y)-\alpha(\eta)}$$

其中，η 是待定的参数，$T(y)$ 是充分统计量，通常 $T(y)=y$。

而伯努利分布的概率密度函数为：

$$\begin{aligned} p(y;h) &= h^y(1-h)^{1-y} \\ &= e^{y\ln h+(1-y)\ln(1-h)} \\ &= e^{\ln\left(\frac{h}{1-h}\right)\cdot y+\ln(1-h)} \end{aligned}$$

其中，h 是由假设衍生的关联函数，y 的可能取值为 0 或 1。值得注意的是，当 $y=1$ 时，$p(y;h)=h$。也就是说，h 表征样本属于正类（类别“1”）的概率。对照如下公式，令 $\eta=\ln\left(\dfrac{h}{1-h}\right)$，可得：

$$h=\frac{1}{1+e^{-\eta}}$$

这便是大名鼎鼎的 Logistic 函数，亦称 Sigmoid 函数，如图 7-3 所示。因为它的函数形如字母“S”。

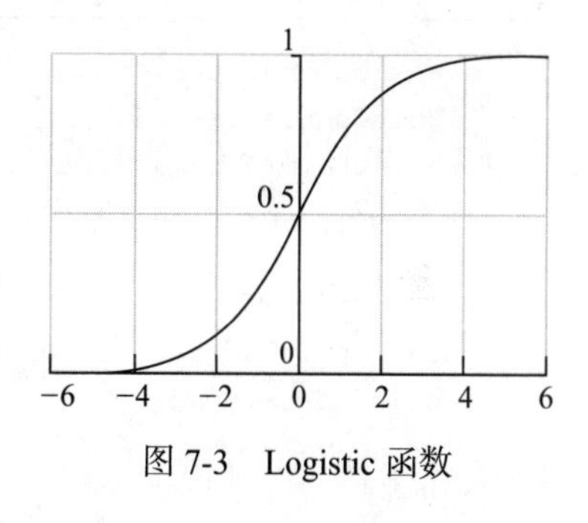

图 7-3　Logistic 函数

观察图像可知，当指数分布的自然参数 η 在（$-\infty$，$+\infty$）变化时，h 的取值范围恰好为（0，1）。由于 h 表征样本属于正类（类别“1”）的概率，通常将 h 大于某个阈值（如 0.5）的样本预测为“属于正类（1）”，否则预测结果为“属于负类（0）”。

由基本假设，$\eta=w^T x$。给定 x，目标函数为

$$h_w(x)=E[T(y)\mid x]=E[y\mid x]=p(y=1\mid x;w)=h=\frac{1}{1+e^{-w^T x}}$$

上式表明，我们最终目标是根据数据确定合适的一组权重 w。在对原始输入进行加权组合之后，通过关联函数做非线性变换，得到的结果表示样本 x 属于正类的概率。因此，关联函数亦称为“激活函数”，如同神经元接受到足够的刺激，才会变得兴奋。

通常，确定权重 w 采用的方法是：最大似然估计（Maximum Likelihood Estimation）。

这在任何一本数理统计教材中都有讲到。在此，通过一个简单的例子来重温它的思想。

例如一枚来自赌场的硬币，有“正”“反”两面。这枚硬币对应了一个未知的参数：η_0，即抛出正面的概率。于是你重复抛这枚硬币 10 000 次，其中有 8000 次都是正面。基于这个事实（数据），我们不会再愿意相信“硬币抛出正反两面的概率都是 0.5”这条假设，而更倾向于认为“这枚硬币抛出正面的概率是 0.8”，即 η_0=0.8。这便是最大似然估计的思想：基于事实、样本结果或数据等，来估计（确认）一个概率模型的关键参数。这未必是完全正确的，却是迄今为止最好的。

算法实现

工程中求解逻辑回归更倾向于选择一些迭代改进的算法，如牛顿方法、梯度下降等。它们会直接对解空间进行部分搜索，找到合适的结果便停止寻优。建议读者在入门时首先掌握 scikit-learn 中的逻辑回归实现算法，如代码清单 7-2 所示。

代码清单 7-2 逻辑回归 sklearn 实现

```
# -*- coding:utf8 -*-
import pandas as pd
from sklearn.linear_model import LogisticRegression, RandomizedLogisticRegression
from sklearn.cross_validation import train_test_split

# 导入数据并观察
data = pd.read_csv('../data/LogisticRegression.csv', encoding='utf-8')
# print data.head(5)      # 查看数据框的头五行

# 将类别型变量进行独热编码 (one-hot encoding)
data_dum = pd.get_dummies(data, prefix='rank', columns=['rank'], drop_first=True)
print data_dum.tail(5)    # 查看数据框的最后五行
# result:
#       admit  gre   gpa  rank_2  rank_3  rank_4
# 395       0  620  4.00     1.0     0.0     0.0
# 396       0  560  3.04     0.0     1.0     0.0
# 397       0  460  2.63     1.0     0.0     0.0
# 398       0  700  3.65     1.0     0.0     0.0
# 399       0  600  3.89     0.0     1.0     0.0

# 切分训练集和测试集
X_train, X_test, y_train, y_test = train_test_split(data_dum.ix[:, 1:], data_
    dum.ix[:, 0], test_size=.1, random_state=520)
```

```
lr = LogisticRegression() # 建立LR模型
lr.fit(X_train, y_train)  # 用处理好的数据训练模型
print '逻辑回归的准确率为：{0:.2f}%'.format(lr.score(X_test, y_test) *100)
```

*代码详见：示例程序 /code/7-1-2.py

7.2　决策树

决策树方法在分类、预测、规则提取等领域有着广泛应用。在20世纪70年代后期和80年代初期，机器学习研究者J.Ross Quinilan提出了ID3算法以后，决策树在机器学习、数据挖掘领域得到极大的发展。Quinilan后来又提出了C4.5，成为新的监督学习算法。1984年几位统计学家提出了CART分类算法。ID3和CART算法大约同时被提出，但都是采用类似的方法从训练样本中构建决策树。

决策树是树状结构，它的每一个叶节点对应着一个分类，非叶节点对应着在某个属性上的划分，根据样本在该属性上的不同取值将其划分成若干个子集。对于非纯的叶节点，多数类的标号给出到达这个节点的样本所属的类。构造决策树的核心问题是在每一步如何选择适当的属性对样本做拆分。对一个分类问题，从已知类标记的训练样本中学习并构造出决策树是一个自上而下、分而治之的过程。常用的决策树算法见表7-2。

表7-2　决策树算法分类

决策树算法	算法描述
ID3算法	其核心是在决策树的各级节点上，使用信息增益作为属性的选择标准，来帮助确定每个节点应采用的合适属性
C4.5算法	C4.5决策树生成算法相对于ID3算法的重要改进是使用信息增益率来选择节点属性。C4.5算法既能够处理离散的描述属性，也可以处理连续的描述属性
C5.0算法	C5.0是C4.5算法的修订版，适用于处理大数据集，采用Boosting方式提高模型准确率，根据能够带来最大信息增益的字段拆分样本
CART算法	CART决策树是一种十分有效的非参数分类和回归方法，通过构建树、修剪树、评估树来构建一个二叉树。当终结点是连续变量时，该树为回归树；当终结点是分类变量，该树为分类树

7.2.1　ID3算法

ID3算法基于信息熵来选择最佳测试属性。它选择当前样本集中具有最大信息增益值的属性作为测试属性。样本集的划分则依据测试属性的取值进行，测试属性有多少不

同取值就将样本集划分为多少子样本集，同时决策树上相当于该样本集的节点长出新的叶子节点。ID3算法根据信息论理论，采用划分后样本集的不确定性作为衡量划分好坏的标准，用信息增益值度量不确定性：信息增益值越大，不确定性越小。因此，ID3算法在每个非叶子节点上选择信息增益最大的属性作为测试属性，这样可以得到当前情况下最纯的拆分，从而得到较小的决策树。

1. 基本原理

设S是s个数据样本的集合。假定类别属性具有m个不同的值：$C_i(i=1,2,\cdots,m)$。设s_i是类C_i中的样本数。对一个给定样本，总信息熵为

$$I(s_1,s_2,\cdots,s_m)=-\sum_{i=1}^{m}P_i\log_2(P_i)$$

其中，P_i是任意样本属于C_i的概率，一般可以用$\frac{s_i}{s}$估计。

若一个属性A具有k个不同的值$\{a_1,a_2,\cdots,a_k\}$，利用属性A将集合S划分为j个子集$\{S_1,S_2,\cdots,S_j\}$，其中S_j包含了集合S中属性A取值为a_j的样本。若选择属性A为测试属性，则这些子集就是从集合S的节点生长出来的新的叶节点。设s_{ij}是子集S_j中类别为C_i的样本数，则根据属性A划分样本的信息熵值为

$$E(A)=\sum_{j=1}^{k}\frac{s_{1j}+s_{2j}+\cdots+s_{mj}}{s}I(s_{1j},s_{2j},\cdots,s_{mj})$$

其中，$I(s_{1j},s_{2j},\cdots,s_{mj})=-\sum_{i=1}^{m}P_i\log_2(P_i)$。$P_{ij}=\frac{s_{ij}}{s_{1j}+s_{2j}+\cdots+s_{mj}}$是子集$S_j$中类别为$C_i$的样本的概率。

最后，用属性A划分样本集S后所得的信息增益（Gain）为：

$$Gain(A)=I(s_1,s_2,\cdots,s_m)-E(A)$$

显然$E(A)$越小，$Gain(A)$的值越大，说明选择测试属性A对于分类提供的信息越大，选择A之后分类的不确定程度就越小。属性A的k个不同的值对应样本集S的k个子集或分支，通过递归调用上述过程（不包括已选择的属性），生成其他属性作为节点的子节点和分支来生成整棵决策树。ID3决策树算法作为一个典型的决策树学习算法，其核心是在决策树的各级节点上都用信息增益作为判断标准进行属性的选择，使得在每个非叶

子节点上进行测试时，都能获得最大的类别分类增益，使分类后数据集的熵最小。这样的处理方法使得树的平均深度最小，从而有效地提高分类效率。

2. 算法实现

ID3 算法的详细实现步骤如下：

1）对当前样本集合，计算所有属性的信息增益。

2）选择信息增益最大的属性作为测试属性，把测试属性取值相同的样本划为同一个子样本集。

3）若子样本集的类别属性只含有单个属性，则分支为叶子节点，判断其属性值并标上相应的符号之后返回调用处；否则对子样本集递归调用本算法。

我们通过举例说明：使用 scikit-learn 建立基于信息熵的决策树模型。这个例子是经典的 Kaggle[⊖] 101 问题——泰坦尼克生还预测，见表 7-3。

表 7-3　泰坦尼克生还预测的部分数据

Survived	PassengerId	Pclass	Sex	Age
0	1	3	male	22
1	2	1	female	38
1	3	3	female	26
1	4	1	female	35
0	5	3	male	35

* 数据详见：示例程序 /data/titanic_data.csv

为了方便说明，数据集有许多属性被删除了。通过观察可知：列 Survived 是指是否存活，是类别标签，属于预测目标；列 Sex 的取值是非数值型的。我们在进行数据预处理时应该合理应用 Pandas 的功能，让数据能够被模型接受。具体代码如代码清单 7-3 所示。

代码清单 7-3　ID3 算法预测生还者

```
# -*- coding:utf-8 -*-
# 使用 ID3 算法进行分类
import pandas as pd
from sklearn.tree import DecisionTreeClassifier as DTC, export_graphviz
data = pd.read_csv('../data/titanic_data.csv', encoding='utf-8')
data.drop(['PassengerId'], axis=1, inplace=True)  # 舍弃 ID 列，不适合作为特征
# 数据是类别标签，将其转换为数，用 1 表示男，0 表示女
data.loc[data['Sex'] == 'male', 'Sex'] = 1
data.loc[data['Sex'] == 'female', 'Sex'] = 0
data.fillna(int(data.Age.mean()), inplace=True)
print data.head(5)                                  # 查看数据
```

⊖ Kaggle：世界上最大的数据科学家社区，常年开放数据挖掘挑战，101 是最简单的练习题。

```
X = data.iloc[:, 1:3]                       # 为便于展示，未考虑年龄（最后一列）
y = data.iloc[:, 0]

dtc = DTC(criterion='entropy')              # 初始化决策树对象，基于信息熵
dtc.fit(X, y)                               # 训练模型
print '输出准确率：', dtc.score(X,y)

# 可视化决策树，导出结果是一个 dot 文件，需要安装 Graphviz 才能转换为 .pdf 或 .png 格式
with open('../tmp/tree.dot', 'w') as f:
    f = export_graphviz(dtc, feature_names=X.columns, out_file=f)
```

*代码详见：示例程序 /code/7-2.py

运行代码后，将会输出一个 tree.dot 的文本文件。为了进一步将它转换为可视化格式，需要安装 Graphviz（跨平台的、基于命令行的绘图工具），再在命令行中以如下方式编译。

```
dot -Tpdf tree.dot -o tree.pdf
dot -Tpng tree.dot -o tree.png
```

生成的效果图如图 7-4 所示。

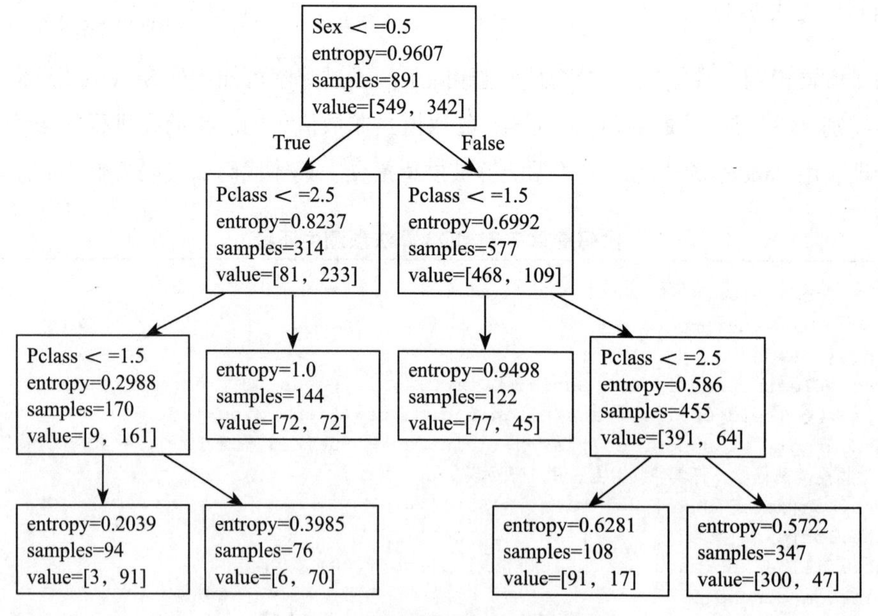

图 7-4 决策树可视化效果图

7.2.2 其他树模型

ID3 算法是决策树系列中的经典算法之一，包含了决策树作为机器学习算法的主要思想。但 ID3 算法在实际应用中有许多不足，所以在此之后提出了大量的改进策略，如 C4.5 算法、C5.0 算法和 CART 算法。在这一节中，我们将简要介绍这三种决策树算法。常用的决策树算法还有 SLIQ 算法、SPRINT 算法、CHAID 算法和 PUBLIC 算法等。

由于 ID3 决策树算法采用信息增益作为选择测试属性的标准，会偏向于选择取值较多的，即所谓高度分支属性，而这类属性并不一定是最优的属性。同时，ID3 算法只能处理离散属性，对于连续型的属性，在分类前需要对其进行离散化。为了解决倾向于选择高度分支属性的问题，人们采用信息增益率作为选择测试属性的标准，这样便得到 C4.5 决策树算法。

1. C4.5 算法

C4.5 是基于 ID3 算法进行改进后的一种重要算法，它是一种监督学习算法，其目标是通过学习，找到一个从属性值到类别的映射关系，并且这个映射能用于对新的未知类别的实体进行分类。

C4.5 算法的优点是：

1）产生的分类规则易于理解，准确率较高。

2）改进了 ID3 算法的缺点：使用信息增益选择属性时偏向于选择高度分支属性。

3）相比于 ID3 算法，能处理非离散数据或不完整数据。

C4.5 算法的缺点是：

1）在构造树的过程中，需要对数据集进行多次的顺序扫描和排序，因而导致算法的低效。

2）当训练集大小超过内存上限时程序无法运行，故只适合能够驻留于内存的数据集。

2. C5.0 算法

C5.0 算法是 C4.5 算法的修订版，适用于处理大数据集，采用 Boosting 方式提高模型准确率，又称为 Boosting Trees，在软件上计算速度比较快，占用的内存资源较少。C5.0 作为经典的决策树模型算法之一，可生成多分支的决策树，C5.0 算法根据能够带来的最大信息增益的字段拆分样本。第一次拆分确定的样本子集随后再次拆分，通常是根据另一个字段进行拆分，这一过程重复进行直到样本子集不能再被拆分为止。最后，重新检查最低层次的拆分节点，那些对模型值没有显著贡献的样本子集被剔除或者修剪。

C5.0 较其他决策树算法的优势在于：

1）C5.0 模型在面对数据遗漏和输入字段很多的问题时非常稳健。

2）C5.0 模型比一些其他类型的模型易于理解，模型输出的规则有非常直观的解释。

3）C5.0 也提供强大的技术支持以提高分类的精度。

3. CART 算法

分类回归树（Classification And Regression Tree，CART）算法最早由 Breiman 等人提出，现已在统计领域和数据挖掘技术中普遍使用，Python 中的 scikit-learn 模块的 Tree 子模块主要使用 CART 算法来实现决策树。

实际上，Breiman 在 1984 年就提出："用于解决分类问题的树模型和用于处理回归问题的树模型具有相似之处"。这也是 CART 算法名称的由来，它既能胜任"分类"任务，也能满足"回归"的需求。我们将利用 CART 算法对数据点进行回归处理来简要解释 CART 如何适用于回归任务，以防读者感到困惑。

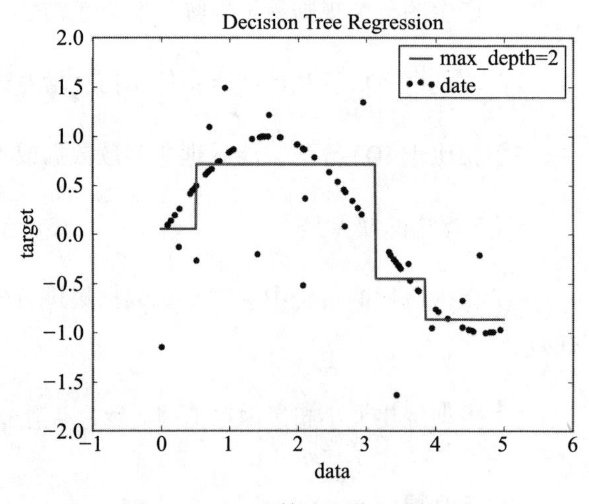

图 7-5　CART 算法用作回归问题

图 7-5 中的数据由正弦函数 $\sin(x)$ 随机生成。可以明显观察到：由 CART 算法生成的回归线对应一个阶梯函数。用生成图 7-4 时提到的方法，我们将 CART 模型内部的分类规则可视化，如图 7-6 所示。

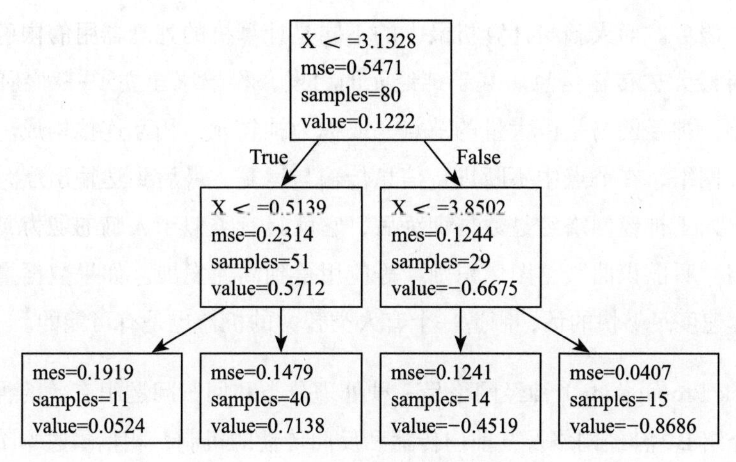

图 7-6　CART 决策规则可视化

读者可以在此按下"暂停键"，仔细思考图 7-5 与图 7-6 的联系。由于决策树的特性，一维自变量仅能体现为阶梯函数（不可能出现斜线或曲线）。但考虑极限情况，阶梯函数可以逼近一条曲线。这里可以认为：在仅允许用阶梯函数做回归的条件下，算法达到了均方误差最小的要求。

CART 算法采用与传统统计学完全不同的方式构建预测准则，它是以二叉树的形式给出，易于理解、使用和解释。由 CART 算法构建的预测树在很多情况下比常用的统计方法构建的代数预测准则更加准确，而且数据越复杂、变量越多，算法的优越性就越显著。模型的关键在于预测准则的构建。

它是一种二分递归分割技术，把当前样本划分为两个子样本，使得生成的每个非叶子结点都有两个分支，因此 CART 算法生成的决策树是结构简洁的二叉树。由于 CART 算法构成的是一个二叉树，它在每一步的决策时只能是"是"或者"否"，即使一个属性有多个取值，也是把数据分为两部分。在 CART 算法中主要分为两个步骤：第一步是将样本递归划分进行建树过程；第二步是用验证数据进行剪枝。

7.3　人工神经网络

人脑是一种强大的信息处理装置，在视觉、听觉、语言知识和学习方面是机器无法替代的。通过前面两节对回归问题的讲述，我们知道可以让机器"学习"使它拥有某种能力去为人类服务。而人脑与计算机最大的不同是计算机的处理器是有限的，而人脑包含着大量的神经元去传输信息。基于神经元的启发，科学家建立了一种新的运算模型，人工神经网络。神经网络是由大量的节点，或称为神经元，相互连接构成。信息经过输入层进入神经网络，在节点中不断进行信息传输与运算，最后到达输出层，得到最终处理后的信息。人工神经网络经过数据训练后，它就具有类似于人脑的能力，人工神经网络的研究使得"听歌识曲"，"图像识别"等应用得到高速发展。如果数据量足够用于训练和机器运算速度足够快的话，制造一个有人类智力的机器也是有可能的。

BP（Back Propagation）神经网络是一种处理分类和回归问题很有效的神经网络。本节我们重点介绍 BP 神经网络及其前向传播和反向传播的机制，相信通过本节的学习，读者能够对人工神经网络有一个快速的入门。

1. 神经网络模型

图 7-7 展现了一个 3 层的神经网络。我们使用圆圈来表示神经网络的节点，标上"+1"的节点被称为偏置节点。第一层是网络的输入层，最后一层是输出层，其余的都称为隐藏层，图 7-7 只有一个隐藏层。我们可以看到输入层有 3 个输入单元（不包括偏置单元），3 个隐藏单元和一个输出单元。

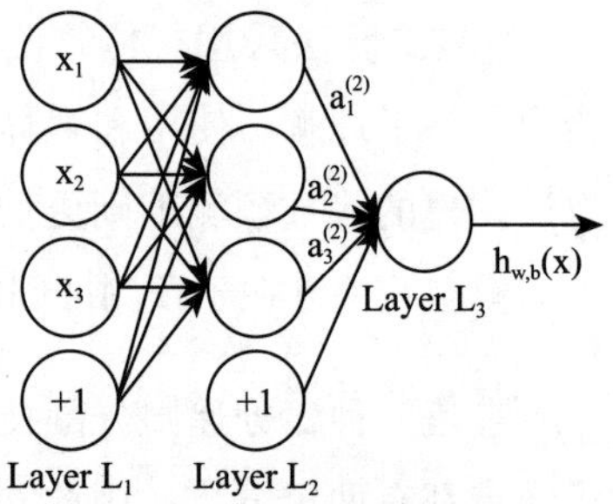

图 7-7 神经网络模型

我们用 n_l 来表示网络的层数。本例中 n_l=3，我们将第 l 层记为 L_l，于是输入层记为 L_1，输出层记为 L_{n_l}，我们用 s_t 表示第 l 层的节点数。在本例中神经网络参数有 $(W,b)=(W^{(1)},b^{(1)},W^{(2)},b^{(2)})$，$W_{ij}^{(l)}$ 表示第 l 层第 j 单元与第 l+1 层第 i 单元之间的连接系数（注意标号顺序），$b_i^{(l)}$ 是第 l+1 层第 i 单元的偏置项。在本例中，$W^{(1)} \in \Re^{3\times 3}$，$W^{(2)} \in \Re^{1\times 3}$。

2. 前向传播

我们用 $a_i^{(l)}$ 表示第 l 层第 i 单元的激活值。当 l=1 时，$a_i^{(1)} = x_i$。继续以图 7-7 的网络为例，给定参数集合 (W,b) 和**激活函数** f 后，我们可以按照下面的公式计算第二层的激活值 $a^{(2)}$：

$$a_1^{(2)} = f(W_{11}^{(1)}x_1 + W_{12}^{(1)}x_2 + W_{13}^{(1)}x_3 + b_1^{(1)})$$

$$a_2^{(2)} = f(W_{21}^{(1)}x_1 + W_{22}^{(1)}x_2 + W_{23}^{(1)}x_3 + b_2^{(1)})$$

$$a_3^{(2)} = f(W_{31}^{(1)}x_1 + W_{32}^{(1)}x_2 + W_{33}^{(1)}x_3 + b_3^{(1)})$$

我们用 $z_i^{(l)}$ 表示第 l 层第 i 单元的加权和，如 $z_i^{(2)} = \sum_{j=1}^{n} W_{ij}^{(1)}x_j + b_i^{(1)}$ ，则 $a_i^{(l)} = f(z_i^l)$ 。我们可以使用矩阵乘法对上面的过程进行简化：

$$z^{(l+1)}=W^{(1)}a^{(l)}+b^{(1)}$$

$$a^{(l+1)}=f(z^{(l+1)})$$

具体地，在本例中：

$$z^{(l+1)}=W^{(1)}\chi+b^{(1)}$$

$$a^{(2)}=f(z^{(2)})$$

$$z^{(3)}=W^{(2)}a^{(2)}+b^{(2)}$$

$$h_{W,b}(x)=a^{(3)}=f(z^{(3)})$$

$h_{W,b}(x)$ 得出的结果就是输出层的输出。上面整个计算过程称为前向传播。设定参数矩阵和激活函数后，模型将信息一层层地从输入层往输出层传播，因此称为前向传播。常用的激活函数有下面几种，如表 7-4 所示。

表 7-4　常用激活函数

函数名称	函数公式	函数作用
sigmoid	$f(z)=\frac{1}{1+e^{-z}}$	S 型曲线，将（$-\infty$，$+\infty$）映射到（0，1）
tanh	$f(z)=\frac{e^z-e^{-z}}{e^z+e^{-z}}$	双正切曲线，将（$-\infty$，$+\infty$）映射到（-1，1）
softmax	$f(z_j)=\frac{e^{z_j}}{\sum_{k=1}^{K}e^{z_k}}$	在多分类中常用，能够将任意实数值映射为（0，1）的概率值，并且 Z 的所有分量函数值和为 1

我们一般以随机值初始化参数矩阵，后面我们将用数据训练网络。这是一个不断优化参数集合 (W,b)，使得在训练集处理的结果更优的过程。而 BP 神经网络训练参数的方法是反向传播。

3. 反向传播

假设我们现有一个数据集 $\{(x^{(1)}, y^{(1)}), \cdots, (x^{(m)}, y^{(m)})\}$，它包含了 m 个样本。我们首先设定代价函数，对于一个样例 $(x^{(i)}, y^{(i)})$：

$$J(W,b;x^{(i)},y^{(i)})=\frac{1}{2}\left\|h_{W,b}(x^{(i)})-y^{(i)}\right\|^2$$

而对于整体代价函数我们定义为：

$$J(W,b)=[\frac{1}{m}\sum_{i=1}^{m}J(W,b;x^{(i)},y^{(i)})]+\frac{\lambda}{2}\sum_{l=1}^{n_l-1}\sum_{i=1}^{s_l}\sum_{j=1}^{s_{l+1}}(W_{ji}^{(l)})^2$$

第一项表示残差平方和，第二项是正则化项，目的是为了防止权重过大以致过度拟合。这个代价函数经常用于分类和回归问题。在二分类问题中，我们用 $y=0$ 和 $y=1$ 代表两种类型的标签。我们可以在输出层使用 sigmoid 激活函数使得最终的输出结果在（0，1）之间，通过代价函数计算模型预测的误差。而对于回归问题，我们可以对真实的 y 值做一个变换，如使用 sigmoid 函数，使得样例 y 值的范围在（0，1）之间。接着输出层同样使用 sigmoid 激活函数，预测的 y 值也在（0，1）之间，最后使用代价函数计算误差。

有了代价函数，神经网络的任务就是使得“代价”尽量低。我们将使用**梯度下降法**对参数（W,b）进行优化，每一步迭代更新（W,b）使得代价函数的值不断减少（如图 7-8 所示）。我们将使用 W 和 b 的偏导数对它们进行更新：

$$W_{ij}^{(l)}=W_{ij}^{(l)}-\alpha\frac{\partial}{\partial W_{ij}^{(l)}}J(W,b)$$

$$b_i^{(l)}=b_i^{(l)}-\alpha\frac{\partial}{\partial b_i^{(l)}}J(W,b)$$

其中 α 是学习效率，其中关键在于计算偏导数。而反向传播算法是计算偏导数的一种有效方法。由于篇幅限制，我们不讲解公式的具体推导，直接讲述反向传播算法的计算步骤和推导得到的计算公式。给定一个样本 $(x^{(i)}, y^{(i)})$，反向传播算法可以分为下面几个步骤：

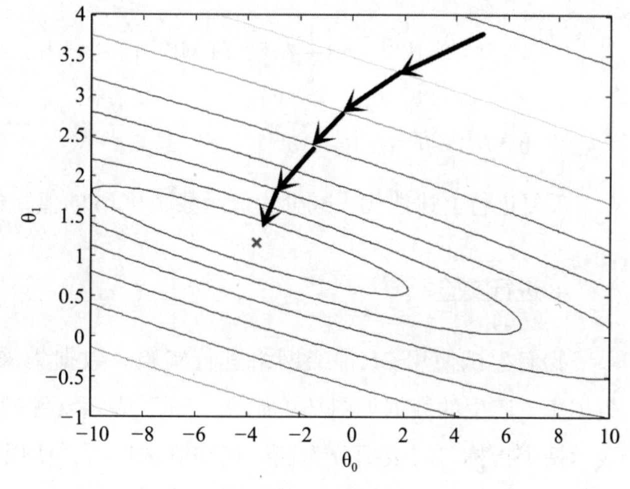

图 7-8　梯度下降法示意图

1）利用前向传播算法，得到 $L_2, L_3, \cdots$ 直到输出层 L_{n_l} 的激活值。

2）计算输出层（第 n_l 层）的残差：

$$\delta^{(n_l)} = -(y - a^{(n_l)}) \cdot f'(z^{(n_l)})$$

3）计算 $l=n_l-1, n_l-2, \cdots, 2$ 的各层的残差：

$$\delta^{(l)} = ((W^{(l)})^T \delta^{(l+1)}) \cdot f'(z^{(l)})$$

4）计算最终需要的偏导数值：

$$\nabla_{W^{(l)}} J(W,b;x,y) = \delta;^{(l+1)} (a^{(l)})^T$$

$$\nabla_{b^{(l)}} J(W,b;x;y) = \delta^{(l+1)}$$

当样本数量为 m 时，我们批量梯度下降法的迭代如下：

1）初始化，对于所有 l，令 $\Delta W^{(l)}=0$，$\Delta b^{(l)}=0$。

2）对 $i=1$ 到 m：

a）使用反向传播算法计算 $\nabla_{W^{(l)}} J(W,b;x,y)$ 和 $\nabla_{b^{(l)}} J(W,b;x,y)$

b）$\Delta W^{(l)}=\Delta W^{(l)}+\nabla_{W^{(l)}} J(W,b;x,y)$

c）$\Delta b^{(l)}=\Delta b^{(l)}+\nabla_{b^{(l)}} J(W,b;x,y)$

3）更新权重参数：

a）$W^{(l)} = W^{(l)} - \alpha[(\frac{1}{m}\Delta W^{(l)}) + \lambda W^{(l)}]$

b）$b^{(l)} = b^{(l)} - \ [(-\Delta b^{(l)}]$

反复进行上述迭代，减少代价函数 $J(W,b)$ 的值，进而求解我们的神经网络。

4. 进行实验

我们尝试使用 BP 神经网络进行实验。数据集采用 scikit-learn 提供的 make_moons 数据集。产生的数据如图 7-9 所示，“+”表示女性病人，“x”表示男性病人，x 和 y 轴表示两个指标。将数据分为训练集和测试集后，使用训练集训练神经网络，将训练好的神经网络作用于测试集，得到预测的错误率。BP 神经网络的代码见代码清单 7-4，我们需要设置网络层数和每层的节点数，学习速率 α，正则化系数 λ，迭代次数。对于此数据集我们采用 [2，3，1] 的网络，输入的节点数是 2 个，设置一个有 3 个节点的隐藏层。α 设为 0.2，λ 设为 0.005，迭代次数设为 10 000。程序得到的结果为：训练集的错误率为 0.159 375，测试集的错误率为 0.15。BP 神经网络的分类效果很不错，如果提高迭代次数，分类的效果还可以进一步提高。

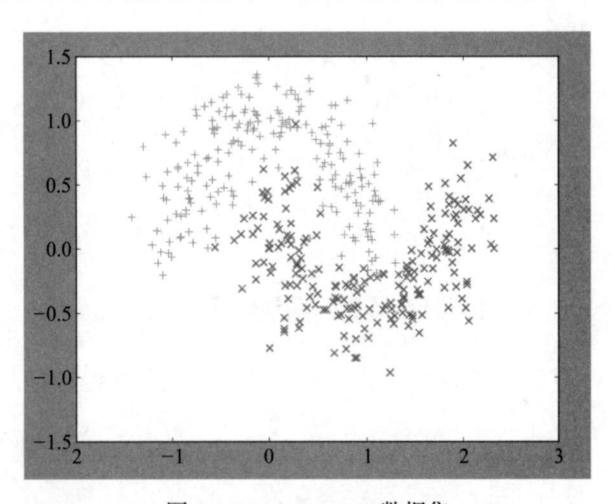

图 7-9 make_moons 数据集

代码清单 7-4 BP 神经网络

```
# BP 神经网络 Python 实现

import numpy as np
from numpy import random
import math
import copy
import sklearn.datasets
```

```
import matplotlib.pyplot as plt

# 获取数据并分为训练集与测试集
trainingSet, trainingLabels = sklearn.datasets.make_moons(400, noise=0.20)
plt.scatter(trainingSet[trainingLabels==1][:,0], trainingSet[trainingLabels==1]
[:,1], s=40, c='r', marker='x',cmap=plt.cm.Spectral)
plt.scatter(trainingSet[trainingLabels==0][:,0], trainingSet[trainingLabels==0]
[:,1], s=40, c='y', marker='+',cmap=plt.cm.Spectral)
plt.show()
testSet = trainingSet[320:]
testLabels = trainingLabels[320:]
trainingSet = trainingSet[:320]
trainingLabels = trainingLabels[:320]

# 设置网络参数
layer =[2,3,1]              # 设置层数和节点数
Lambda = 0.005              # 正则化系数
alpha = 0.2                 # 学习速率
num_passes = 20000          # 迭代次数
m = len(trainingSet)        # 样本数量

# 建立网络
# 网络采用列表存储每层的网络结构，网络的层数和各层节点数都可以自由设定
b = [] # 偏置元，共layer-1个元素，b[0]代表第一个隐藏层的偏置元（向量形式）
W = []
for i in range(len(layer)-1):
    W.append(random.random(size = (layer[i+1],layer[i]))) # W[i]表示网络第i层到第
i+1层的转移矩阵(NumPy数组)，输入层是第0层
    b.append(np.array([0.1]*layer[i+1])) # 偏置元b[i]的规模是1*第i+1个隐藏层节点数
a = [np.array(0)]*(len(W)+1) # a[0] = x，即输入，a[1]=f(z[0])，a[len(W)+1] = 最终
输出
z = [np.array(0)]*len(W) # 注意z[0]表示网络输入层的输出，即未被激活的第一个隐藏层

W = np.array(W)

def costfunction(predict,labels):
    # 不加入正则化项的代价函数
    # 输入参数格式为numpy的向量
    return sum((predict - labels)**2)
def error_rate(predict,labels):
    # 计算错误率，针对二分类问题，分类标签为0或1
    # 输入参数格式为numpy的向量
    error =0.0
    for i in range(len(predict)):
        predict[i] = round(predict[i])
```

```
            if predict[i]!=labels[i]:
                error+=1
        return error/len(predict)
    def sigmoid(z):  # 激活函数 sigmoid
        return 1/(1+np.exp(-z))
    def diff_sigmoid(z): # 激活函数 sigmoid 的导数
        return sigmoid(z)*(1-sigmoid(z))

    activation_function = sigmoid  # 设置激活函数
    diff_activation_function = diff_sigmoid # 设置激活函数的导数


    # 开始训练 BP 神经网络
    a[0] = np.array(trainingSet).T # 这里一列为一个样本，一行代表一个特征
    y = np.array(trainingLabels)

    for v in range(num_passes):
        # 前向传播
        for i in range(len(W)):
            z[i] = np.dot(W[i],a[i])
            for j in range(m):
                z[i][:,j]+=b[i] # 加上偏置元
            a[i+1] = activation_function(z[i]) # 激活节点

        predict = a[-1][0] # a[-1] 是输出层的结果，即为预测值

        # 反向传播
        delta = [np.array(0)]*len(W) # delta[0] 是第一个隐藏层的残差，delta[-1] 是输出层的残差

        # 计算输出层的残差
        delta[-1] = -(y-a[-1])*diff_activation_function(z[-1])

        # 计算第二层起除输出层外的残差
        for i in range(len(delta)-1):
            delta[-i-2] = np.dot(W[-i-1].T,delta[-i-1])*diff_activation_function(z
[-i-2]) # 这里是倒 # 序遍历
                # 设下标 -i-2 代表第 L 层，则 W[-i-1] 是第 L 层到 L+1 层的转移矩阵，delta[-i-1] 是
# 第 L+1 层的残差，而 z[-i-2] 是未激活的第 L 层

        # 计算最终需要的偏导数值
        delta_w = [np.array(0)]*len(W)
        delta_b = [np.array(0)]*len(W)
        for i in range(len(W)):
```

```
        # 使用矩阵运算简化公式，下面两行代码已将全部样本反向传播得到的偏导数值求 # 和
        delta_w[i] = np.dot(delta[i],a[i].T)
        delta_b[i] = np.sum(delta[i],axis=1)

    # 更新权重参数
    for i in range(len(W)):
        W[i] -= alpha*(Lambda*W[i]+delta_w[i]/m)
        b[i] -= alpha/m*delta_b[i]

print '训练样本的未正则化代价函数值：',costfunction(predict,np.array(trainingLabels))
print '训练样本错误率：',error_rate(predict,np.array(trainingLabels))

# 使用测试集测试网络
a[0] = np.array(testSet).T # 一列为一个样本，一行代表一个特征
# 前向传播
m = len(testSet)
for i in range(len(W)):
    z[i] = np.dot(W[i],a[i])
    for j in range(m):
        z[i][:,j]+=b[i].T[0]
    a[i+1] = activation_function(z[i])
predict = a[-1][0]

print '测试样本的未正则化代价函数值：',costfunction(predict,np.array(testLabels))
print '测试样本错误率：',error_rate(predict,np.array(testLabels))
```

*代码详见：示例程序 /code/7-3.py

5. 其他神经网络

卷积神经网络（Convolutional Neual Network，CNN）是一种前馈神经网络，与 BP 神经网络不同的是，它包括**卷积层（Alternating Convolutional Layer）**和**池层（Pooling Layer）**，在图像处理方面有很好的效果，经常用作解决计算机视觉问题。**递归神经网络（RNN）**分为时间**递归神经网络（Recurrent Neural Network）**和**结构递归神经网络（Recursive Neural Network）**。RNN 主要用于处理序列数据。在 BP 神经网络中，输入层到输出层各层间是全连接的，但同层之间的节点却是无连接的。这种网络对于处理序列数据效果很差，忽略了同层间节点的联系，而在序列中同层间节点的关系是很密切的。CNN 和 RNN 是深度学习中著名的两种结构，建议读者借助其他书籍熟悉它们。

7.4 kNN 算法

kNN 算法是 k-Nearest Neighbor Classification 的简称，即 k- 近邻分类算法。它的思想很简单：一个样本在特征空间中，总会有 k 个最相似（即特征空间中最邻近）的样本。其中，大多数样本属于某一个类别，则该样本也属于这个类别。用一句不准确的俗语来描述会更直白："近朱者赤，近墨者黑"。

如图 7-10 所示，我们有两类数据：方块和三角形。它们分布在二维特征空间中。假设有一个新数据（用圆表示）需要预测其所属的类别，根据"物以类聚"的直觉，我们找到离圆圈最近的几个数据点，以它们中的大多数的特点（所属类别）来决定新数据所属的类别，这便是一次预测。

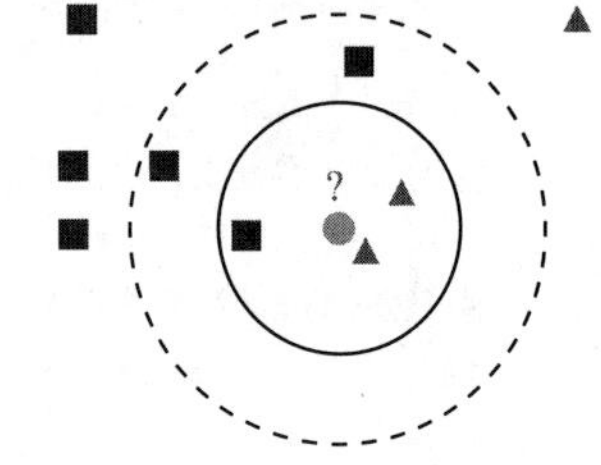

图 7-10 k– 近邻算法例子

如果 k=3，由于三角形所占比例为 2/3，k– 近邻算法更倾向于认为：圆属于三角形对应的类别。如果 k=5，由于方块所占比例为 3/5，k– 近邻算法更倾向于认为：圆属于方块对应的类别。

读者需注意区分"分类"与"聚类"的区别。分类属于有监督学习问题的范畴，而聚类属于无监督学习。举例阐释：原始人尚未发明文字，用符号来表示事物。他们能够通过观察到的大量事实（相当于收集数据集），发现人与人之间有天然的生理差别。原始人能将族人聚成两个大类，用无意义的符号"♂"和"♀"表示，这个例子能说明"无监督"的内涵，也暗示这被看作是一个聚类问题。

在现代，我们会把"性别"这一概念牢牢地灌输给每一个儿童。我们不断地训练他们，并及时纠正错误，以逐渐形成准确的判断。这个"教育"的过程，便是"有监督"的含义。但即使是成人，我们也可能会在"男扮女装"或"女扮男装"的场景中被欺骗。这个过程与我们训练某一种算法的流程极为相似。或者说，机器学习算法的灵感正是源于生活中的点滴。

另外，k– 近邻算法是一种**非参数模型**。简单来说，参数模型（如线性回归、逻辑回归等）都包含待确定的参数。训练过程的主要目的是寻找代价最小的最优参数。参数一旦确定，模型就完全固定了，进行预测时完全不依赖于训练数据。非参数模型则相反，在每次预测中都需要重新考虑部分或全部训练（已知的）数据。在下面的算法流程中，请读者仔细体会二者的区别。

1. 算法流程

1）计算已知类别数据集中的点与当前点之间的距离。

2）按照距离递增次序排序。

3）选取与当前点距离最小的 k 个点。

4）确定前 k 个点所在类别对应的出现频率。

5）返回前 k 个点出现频率最高的类别作为当前点的预测分类。

2. 算法实现

代码清单 7-5 是 KNN 算法的一个具体实例，其输出效果图如图 7-11 所示。

代码清单 7-5　kNN 算法示例

```
# -*- coding:utf-8 -*-
import numpy as np
import matplotlib.pyplot as plt
from matplotlib.colors import ListedColormap
from sklearn.neighbors import KNeighborsClassifier
from sklearn.datasets import load_iris

iris = load_iris()          # 加载数据
X = iris.data[:, :2]        # 为方便画图，仅采用数据的其中两个特征
y = iris.target
print iris.DESCR
print iris.feature_names
cmap_light = ListedColormap(['#FFAAAA', '#AAFFAA', '#AAAAFF'])
cmap_bold = ListedColormap(['#FF0000', '#00FF00', '#0000FF'])

clf = KNeighborsClassifier(n_neighbors=15, weights='uniform') # 初始化分类器对象
clf.fit(X, y)

# 画出决策边界，用不同颜色表示
x_min, x_max = X[:, 0].min() - 1, X[:, 0].max() + 1
y_min, y_max = X[:, 1].min() - 1, X[:, 1].max() + 1
xx, yy = np.meshgrid(np.arange(x_min, x_max, 0.02),
```

```
                        np.arange(y_min, y_max, 0.02))

Z = clf.predict(np.c_[xx.ravel(), yy.ravel()]).reshape(xx.shape)

plt.figure()
plt.pcolormesh(xx, yy, Z, cmap=cmap_light)                # 绘制预测结果图

plt.scatter(X[:, 0], X[:, 1], c=y, cmap=cmap_bold)        # 补充训练数据点
plt.xlim(xx.min(), xx.max())
plt.ylim(yy.min(), yy.max())
plt.title("3-Class classification (k = 15, weights = 'uniform')")
plt.show()
```

* 代码详见：示例程序 /code/7-4.py

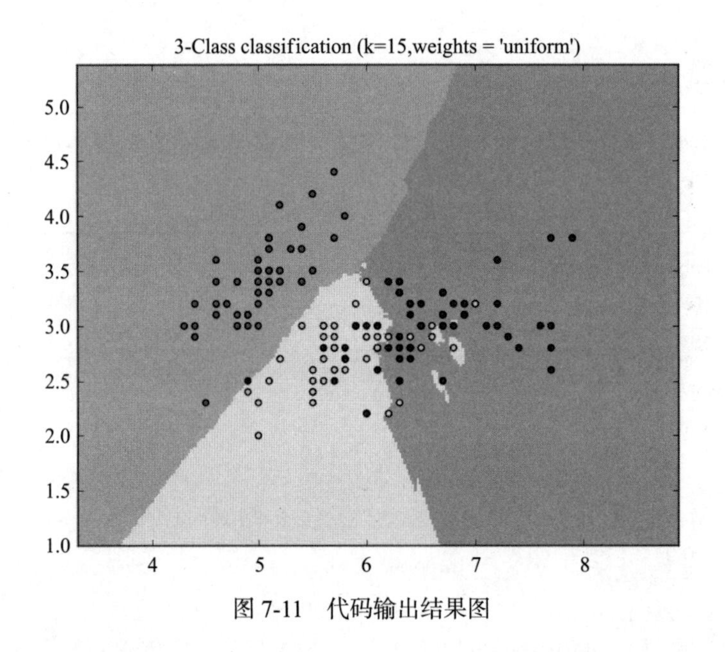

图 7-11　代码输出结果图

7.5　朴素贝叶斯分类算法

朴素贝叶斯算法是一种应用贝叶斯理论的学习算法。它基于这样一个假设：特征之间是相互独立的。举一个例子，我们希望知道一封邮件是否为垃圾邮件，该邮件包含词汇“售价”“电话”“促销”，那么现在的问题就是当邮件包含词汇“售价”“电话”“促销”时，该邮件是垃圾邮件的概率为多少。用数学公式表达，$y=0$ 表示邮件为垃圾邮件，$y=1$

表示邮件为普通邮件，x_1 表示邮件包含“售价”的事件，x_2 表示邮件包含“电话”的事件，x_3 表示邮件包含“促销”的事件，$p(x_i)$ 表示事件 x_i 发生的概率，我们求的就是条件概率 $p\ (y = 0|x_1,x_2,\cdots x_n)$。这个任务实际上是求**最大后验概率（MAP）**，由我们生活的经验可知该邮件很有可能属于垃圾邮件，因为垃圾邮件一般包含这三个词汇，贝叶斯公式推导出的结果正符合这个规律。

给定一个分类标签 y 和自由特征变量 $x_1,\cdots,x_n$，x_i=1 表示样本具有特征 i，而 x_i=0 表示样本不具有特征 i。如果我们想知道具有特征 1 到 n 的向量是否属于分类标签 y_k，贝叶斯公式如下：

$$P(y_k \mid x_1,\cdots,x_n) = \frac{P(y_k)P(x_1,\cdots,x_n \mid y_k)}{P(x_1,\cdots,x_n)}$$

再由特征相互独立的假设：

$$P(x_1,\cdots,x_n \mid y_k) = \prod_{i=1}^{n} P(x_i \mid y_k)$$

且由于 $P(x_1,\cdots,x_n)$ 已经给定，比较 $P(y_1|x_1,\cdots,x_n)$ 和 $P(y_2|x_1,\cdots,x_n)$，这与比较 $P(y_1)P(x_1,\cdots,x_n|y_1)$ 和 $P(y_2)P(x_1,\cdots,x_n|y_2)$ 等价。假设总共有 m 种标签，我们只需计算 $P(y_k)P(x_1,\cdots,x_n|y_k),k=1,2,\cdots,m$，取最大值作为预测的分类标签，即：

$$\hat{y} = \arg\max_{k} P(y)\prod_{i=1}^{n} P(x_i \mid y_k)$$

贝叶斯分类在处理文档分类和垃圾邮件过滤有较好的分类效果。训练模型后参数 $P(x_i|y_k),i=1,2,\cdots,n,k=1,2,\cdots,m$ 已知，进行预测只需要先统计测试样例是否具有特征 x_1 到 x_n，再计算上面的最大似然函数即可。不同的贝叶斯分类器主要取决于条件概率 $P(x_i|y_k)$ 的定义，如果仅采用数学上的原始定义，由于模型过于简单，在处理较复杂的分类问题时效果一般，所以在朴素贝叶斯的基础上有多种改进模型，下面介绍改进模型中常用的高斯模型和多项式模型。

1. 高斯朴素贝叶斯

原始的朴素贝叶斯只能处理离散数据，当 $x_1,\cdots,x_n$ 是连续变量时，我们可以使用**高斯**

朴素贝叶斯（Gaussian Naive Bayes）完成分类任务。当处理连续数据时，一种经典的假设是：与每个类相关的连续变量的分布是基于高斯分布的，故高斯朴素贝叶斯的公式如下：

$$P(x_i = v \mid y_k) = \frac{1}{\sqrt{2\pi\sigma_{y_k}^2}} \exp(-\frac{(v-\mu_{y_k})}{2\sigma_{y_k}^2})$$

其中 μ_y，$\sigma_{y_k}^2$ 分别表示全部属于类 y_k 的样本中变量 x_i 的均值和方差。

2. 多项式朴素贝叶斯

多项式朴素贝叶斯（Multinomial Naïve Bayes）经常被用于处理多分类问题，比起原始的朴素贝叶斯分类效果有较大的提升。其公式如下：

$$P(x_i \mid y_k) = \frac{N_{y_k i} + \alpha}{N_y + \alpha n}$$

其中 $N_{y_k i} = \sum_{x \in T} x_i$ 表示在训练集 T 中类 y_k 具有特征 i 的样本的数量，$N_y = \sum_{i=1}^{|T|} N_{yi}$ 表示训练集 T 中类 y_k 的特征总数。平滑系数 $\alpha > 0$ 防止零概率的出现，当 $\alpha=1$ 称为拉普拉斯平滑，而 $\alpha < 1$ 称为 Lidstone 平滑。

3. Python 实现

Scikit-learn 模块中有 Naive Bayes 子模块，包含了本节涉及的所有贝叶斯算法。关键在于将分类器设置为朴素贝叶斯分类器，接着调用分类器训练和进行分类。其具体实现如代码清单 7-6 所示。

代码清单 7-6 朴素贝叶斯实现

```
from sklearn import datasets
iris = datasets.load_iris()                          # 读取 iris 数据集
from sklearn.naive_bayes import GaussianNB           # 使用高斯贝叶斯模型
clf = GaussianNB()                                   # 设置分类器
clf.fit(iris.data,iris.target)                       # 训练分类器
y_pred = clf.predict(iris.data)                      # 预测
```

```
    print("Number of mislabeled points out of a total %d points : %d" % (iris.
data.shape[0],(iris.target != y_pred).sum()))
```

* 代码详见：示例程序 /code/7-5.py

7.6 小结

本章专注于数据挖掘中分类与回归预测问题的相关基础算法，重点介绍对应的算法原理及 Python 实现。通过本章的学习，可在以后的数据挖掘过程中采用适当的算法，并按所陈述的步骤实现综合应用，希望本章能给读者一些启发，思考如何改进或创造更好的挖掘算法。

7.1 节主要介绍了线性回归和逻辑回归两个模型。前者是最基础的，而后者是工业界最常用的。读者应能通过阅读正文，归纳它们的异同；7.2 节从 ID3 算法开始介绍决策树，提及 C4.5 算法、C5.0 算法和 CART 算法等改进模型；7.3 节则是人工神经网络，考虑到当前深度学习的火热，读者有必要详细了解其基本推导和实现；7.4 节主要介绍 kNN 算法，它是一种非参数模型，也是最简单直观的机器学习算法；7.5 节主要介绍朴素贝叶斯分类算法，从严格的描述中，读者可以看到它与高斯朴素贝叶斯、多项式朴素贝叶斯算法的联系与区别。

学到这里，相信读者会对数据挖掘中两大预测任务（分类与回归）有较为清晰的认识。

7.7 上机实验

1. 实验目的

- ❑ 掌握 BP 神经网络

2. 实验内容

使用 BP 神经网络预测马是否患有疝气病。数据采用 UCI 数据库的疝气病症预测病马数据，该数据在第 3 章的上机实验已经使用过了。数据有多行，每行都有 22 个数据，前 21 个为马的病症数据，最后一个为该马的标签。数据已被分为训练集和测试集，data/horseColicTraining.txt 和 data/horseColicTest.txt。本实验的任务使用训练集训练 BP 神经网络并预测测试集的标签，并尝试将预测的测试集的标签错误率控制在 30% 以下。读者可以使用代码清单 7-4 的 BP 神经网络，也可以自行实现。

3. 实验步骤提示

1）导入训练集和测试集。

2）数据正则化，可以借助 scale 函数：

```
from sklearn.preprocessing import scale
```

3）设置 BP 神经网络参数：网络层数和节点数，以及学习速率、正则化系数和迭代次数。

4）使用训练集训练 BP 神经网络。

5）使用训练好的 BP 神经网络预测测试集的标签，计算错误率。

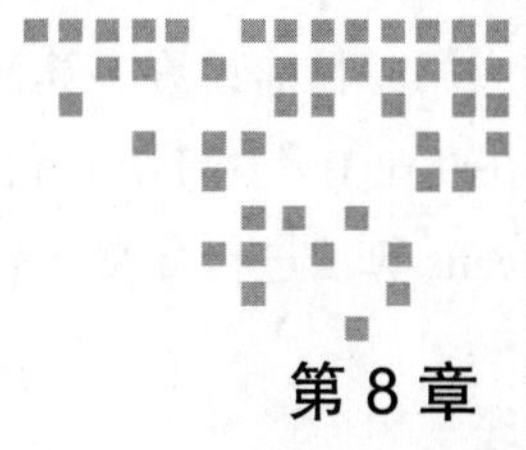

第 8 章 Chapter 8

聚类分析建模

聚类分析是研究对事物进行分类的一种多元统计方法。分类问题在科学研究、生产实践和社会生活中到处存在，例如地质勘探中根据物探、化探的指标将样本进行分类；古生物研究中根据挖掘出的骨骼形状和尺寸将它们分类；大坝监控中由于所得的观测数据量十分庞大，有时亦须将它们分类归并，获得其典型代表再进行深入分析等。对事物进行分类，进而归纳并发现其规律已成为人们认识世界、改造世界的一种重要方法。

由于对象的复杂性，仅凭经验和专业知识有时不能达到确切分类的目的，于是数学方法就被引进到分类问题中来。聚类分析方法应用相当广泛，已经被广泛用于考古学、地质勘探调查、天气预报、作物品种分类、土壤分类、微生物分类，在经济管理、社会经济统计部门，也用聚类分析法进行定量分类。

聚类分析根据事物彼此不同的属性进行辨认，将具有相似属性的事物聚为一类，使得同一类的事物具有高度的相似性。这使得聚类分析可以很好地解决无法确定事物属性的分类问题。

8.1 K-Means 聚类分析函数

聚类分析中最广泛使用的算法为 K-Means 聚类分析算法。K-Means 算法属于聚类分析中分类方法里较为经典的一种，由于该算法的效率高，所以在对大规模数据进行聚类时被广泛应用。目前，许多算法均围绕着该算法进行扩展和改进。在实际应用中，K-Means 算法在商业上常用于客户价值分析。如识别客户价值应用的最广泛的 RFM 模型便是通过 K-Means 算法进行分类，最终得到不同特征的客户群。

1. 算法原理

K-Means 算法通过将样本划分为 k 个方差齐次的类来实现数据聚类。该算法需要指定划分的类的个数。它处理大数据的效果比较好，已经被广泛用于实际应用。

K-Means 算法将数据集 N 中的 n 个样本划分成 k 个不相交的类，将这 k 个类用字母 C 表示，n 个样本用字母 X 表示，每一个类都具有相应的中心 u_i。K-Means 算法是一个迭代优化算法，最终使得下面的均方误差最小：

$$\min\sum_{i=0}^{k}\sum_{x_j\in c_i}(\|x_j-u_i\|^2)$$

迭代算法具体描述如下：

1）适当选取 k 个类的初始中心。

2）在第 k 次的迭代中，对每一个样本 x_j，求其到每个中心 u_i 的距离，将该样本归到距离最近的类中。

3）对于每个类 c_i，通过均值计算出其中心 u_i。

4）如果通过 2）3）的迭代更新每个中心 u_i 后，与更新前的值相差微小，则迭代终止，否则重复 2）3）继续迭代。

K-Means 算法的优点是简洁和快速，设 t 步算法结束，时间复杂度为 $O(nkt)$，一般有 $k<<n$ 和 $t<<n$，适合大规模的数据挖掘。但使用 K-Means 算法需要预先设定聚类数量 k，而这个信息一般我们难以获取。

2. Python 实现

K-Means 的算法原理很简单，我建议读者自己动手实现 K-Means 算法（见上机实验 1）。这里我们选择 scikit-learn 中的 K-Means 算法进行聚类实验。我们先看看代码清单

8-1 和 K-Means 算法的效果（见图 8-1）：

代码清单 8-1　K-Means 实验

```
# -*- coding:utf-8 -*-
# K-Means 实验

import numpy as np
import matplotlib.pyplot as plt

from sklearn.cluster import KMeans
from sklearn.datasets import make_blobs

plt.figure(figsize=(12, 12))

# 选取样本数量
n_samples = 1500
# 选取随机因子
random_state = 170
# 获取数据集
X, y = make_blobs(n_samples=n_samples, random_state=random_state)

# 聚类数量不正确时的效果
y_pred = KMeans(n_clusters=2, random_state=random_state).fit_predict(X)

plt.subplot(221)
plt.scatter(X[y_pred==0][:, 0], X[y_pred==0][:, 1], marker='x',color='b')
plt.scatter(X[y_pred==1][:, 0], X[y_pred==1][:, 1], marker='+',color='r')
plt.title("Incorrect Number of Blobs")

# 聚类数量正确时的效果
y_pred = KMeans(n_clusters=3, random_state=random_state).fit_predict(X)

plt.subplot(222)
plt.scatter(X[y_pred==0][:, 0], X[y_pred==0][:, 1], marker='x',color='b')
plt.scatter(X[y_pred==1][:, 0], X[y_pred==1][:, 1], marker='+',color='r')
plt.scatter(X[y_pred==2][:, 0], X[y_pred==2][:, 1], marker='1',color='m')
plt.title("Correct Number of Blobs")

# 类间的方差存在差异的效果
X_varied, y_varied = make_blobs(n_samples=n_samples,
                                cluster_std=[1.0, 2.5, 0.5],
                                random_state=random_state)
y_pred = KMeans(n_clusters=3, random_state=random_state).fit_predict(X_varied)

plt.subplot(223)
plt.scatter(X_varied[y_pred==0][:, 0], X_varied[y_pred==0][:, 1], marker=
'x',color='b')
```

```
    plt.scatter(X_varied[y_pred==1][:, 0], X_varied[y_pred==1][:, 1], marker=
'+',color='r')
    plt.scatter(X_varied[y_pred==2][:, 0], X_varied[y_pred==2][:, 1], marker=
'1',color='m')
    plt.title("Unequal Variance")

    # 类的规模差异较大的效果
    X_filtered = np.vstack((X[y == 0][:500], X[y == 1][:100], X[y == 2][:10]))
    y_pred = KMeans(n_clusters=3, random_state=random_state).fit_predict(X_
filtered)

    plt.subplot(224)
    plt.scatter(X_filtered[y_pred==0][:, 0], X_filtered[y_pred==0][:, 1], marker=
'x',color='b')
    plt.scatter(X_filtered[y_pred==1][:, 0], X_filtered[y_pred==1][:, 1], marker=
'+',color='r')
    plt.scatter(X_filtered[y_pred==2][:, 0], X_filtered[y_pred==2][:, 1], marker=
'1',color='m')
    plt.title("Unevenly Sized Blobs")

    plt.show()
```

* 代码详见：示例程序 /code/8-1.py

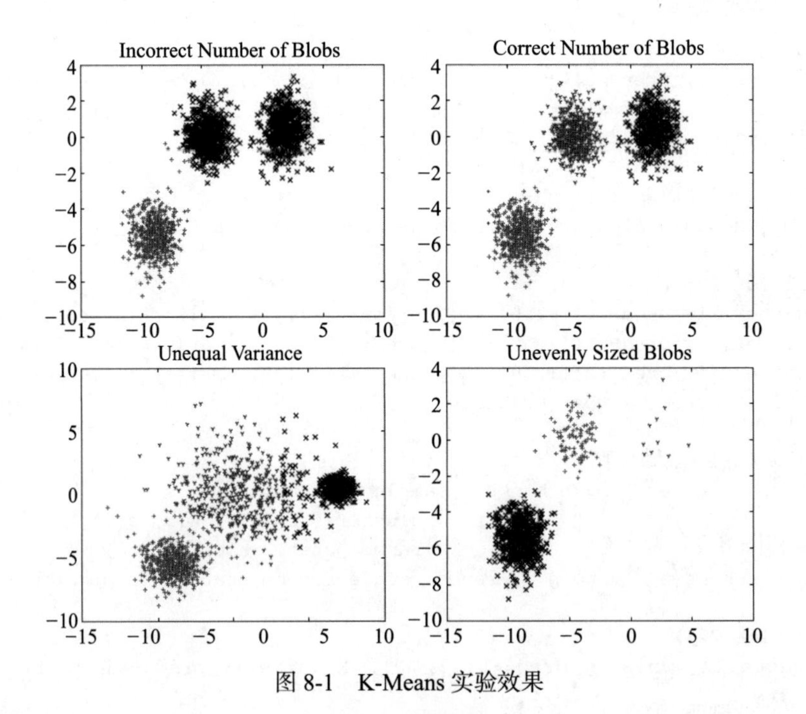

图 8-1 K-Means 实验效果

我们实验采取的数据集是 Scikit-learn 中的 make_blods[1]。使用 Scikit-learn 中 K-Means 算法的程序语句很简单，主要语句是：

```
# 设置分类器
clf  =  sklearn.cluster.Kmeans(n_cluster=8,random_state=None,…)
# random_state 参数是随机因子，使得初始中心是随机选取的
# 训练分类器并对样本的标签进行预测
y_pred = clf.fit_predict(X)
```

函数还有其他输入参数上面没有列出，读者可参考官方的函数介绍[2]。

样本 X 的格式可以是二维列表或 NumPy 数组，每行代表一个样本，每列代表一个特征，上面例子的样本数据是二维的，即每个样本都有两个特征。输出的 y_pred 是每个样本的预测分类。分析图 8-1 的效果，聚类数量的选取尤为重要，选取错误的聚类数量时将使得聚类效果不理想。K-Means 算法处理类间方差差异大和类的规模差异大的样本时，都有很好的表现，可见 K-Means 算法具有一定的抗干扰能力。

8.2 系统聚类算法

系统聚类（又称为层次聚类，系谱聚类）是一个一般的聚类算法，通过合并或分割类，生成嵌套的集群。算法的层次结构可以一棵树表示。树的根是一个唯一的类，包含了所有的样本，而树的叶子节点是单独的一个样本。通过树的叶子节点的相互合并，最终合并成为树的根节点。

1. 算法原理

系统聚类的基本思想是先将样本看作各自一类，定义类间距离的计算方法，选择距离最小的一对类合并成为一个新的类。接着重新计算类间的距离，再将距离最近的两类合并，如此最终便合成一类。

图 8-2 和图 8-3 给出了一个系统聚类的例子。

---

[1] http://scikit-learn.org/stable/modules/generated/sklearn.datasets.make_blobs.html#sklearn.datasets.make_blobs

[2] http://scikit-learn.org/stable/modules/generated/sklearn.cluster.KMeans.html#sklearn.cluster.KMeans

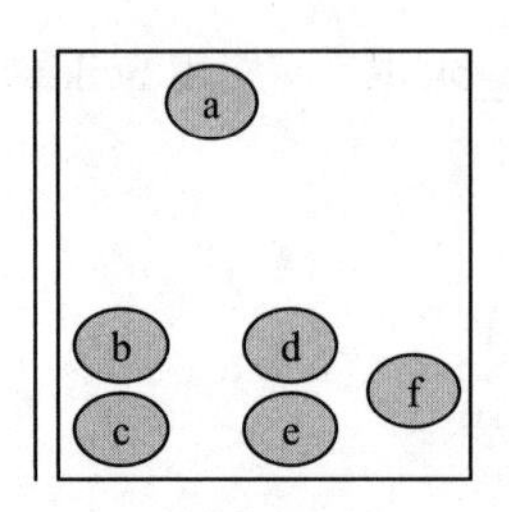

图 8-2 系统聚类示例原始样本

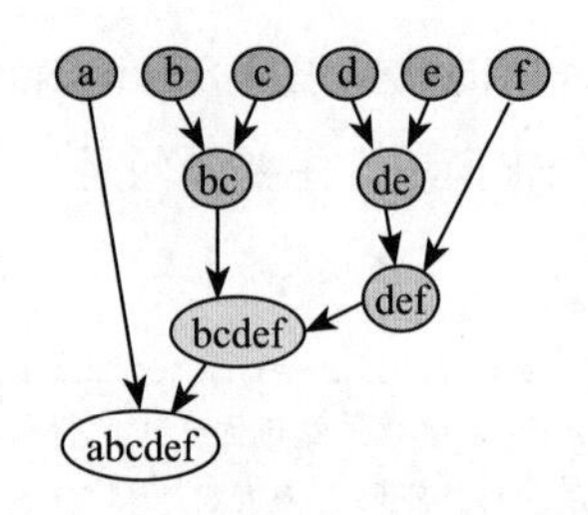

图 8-3 系统聚类示例最终效果

我们首先定义样本间距离的计算方法，计算各个样本点间的距离。先将距离最近的b与c合并，此时我们都5个类：$\{a\}$，$\{b, c\}$，$\{d\}$，$\{e\}$ 和 $\{f\}$。我们希望进一步的合并，所以我们需要计算类 $\{a\}$ 与 $\{b, c\}$ 间的距离。因此我们还需要定义类间距离的计算方法。按照合并距离最小的两个类的规则，我们按顺序合并 $\{d\}$ 与 $\{e\}$，$\{d, e\}$ 与 $\{f\}$，$\{b, c\}$ 与 $\{d, e, f\}$，$\{a\}$ 与 $\{a, b, c, d, e, f\}$。最终我们通过类的合并得出图 8-3 的结果。整个过程如同生成树的过程，树的层次结构分明。表 8-1 给出了样本间距离的常用定义（a，b 表示某个样本点），表 8-2 给出了类间距离的常用定义（A，B，C 代表某个类）。

表 8-1 距离定义 1

距离名称	公式
欧几里德距离（Euclidean distance）	$d(a,b)=\lVert a-b\rVert_2=\sqrt{\sum_i (a_i-b_i)^2}$
均方距离（Square Euclidean distance）	$d(a,b)=\lVert a-b\rVert_2^2=\sum_i (a_i-b_i)^2$
曼哈顿距离（Manhattan di stance）	$d(a,b)=\lVert a-b\rVert_1=\sum_i \lvert a_i-b_i\rvert$
余弦距离（Cosine distance）	$d(a,b)=\cos\Theta=\frac{\sum_i a_i b_i}{\sqrt{\sum_i a_i^2}\cdot\sqrt{\sum_i b_i^2}}$
最大距离（Maximum distance）	$d(a,b)=\lVert a-b\rVert_\infty=\max_i \lvert a_i-b_i\rvert$

表 8-2 距离定义 2

连接规则名称	公式
完全连接聚类（Complete-linkage clustering）	$d(A,B)=\max(dist(a,b)):a\in A,b\in B$
单一连接聚类（Single-linkage clustering）	$d(A,B)=\min(dist(a,b)):a\in A,b\in B$
平均连接聚类（Average linkage clustering）	$d(A,B)=\frac{1}{\lVert A\rVert\lVert B\rVert}\sum_{a\in A}\sum_{b\in B}d(a,b)$

（续）

连接规则名称	公式
离差平方和法（Ward's criterion）	递归算法： 1）初始情形，每个样本点单独作为一个类： $d_{ij}=d\{\{x_i\},\{x_j\}\}=\lVert x_i-x_j\rVert^2$ 2）递归合并： $d(A\cup B,C)=\frac{n_A+n_C}{n_A+n_B+n_C}d(A,C)+$ $\frac{n_B+n_C}{n_A+n_B+n_C}d(B,C)-\frac{n_C}{n_A+n_B+n_C}d(A,B)$

我们考虑使用系统聚类算法将数据集 N 中的 n 个样本划分成 k 个不相交的类。

系统聚类算法步骤如下：

1）初始化，定义样本间距离和类间距离的计算方法，将每个样本点各自设为一类，记为 c_1，c_2，…，c_n。

2）计算任意两个类间的距离 $d(c_i,c_j)$，将最短距离的两个类 c_i 与 c_j 合并成 $\{c_i,c_j\}$，并将类重新标记为 c_1，c_2，…，c_{n-1}。

3）如果已经聚为 k 类则算法停止，否则重复步骤 2，继续合并类。

系统聚类算法的优点在于灵活的距离定义使得它有很广的适用性。并且我们能够通过建树的过程发现类的层次关系。但注意系统聚类算法的计算复杂度很高，一般情形为 $O(n^3)$，所以处理大数据聚类问题时，我们不能选择此算法。

2. Python 实现

使用 Scikit-learn 的系统聚类函数能够轻松实现，与 K-Means 算法实现比较，只需更改一行代码，修改分类器。

```
K-Means:
y_pred = sklearn.cluster. KMeans(n_clusters=2,
    random_state=random_state).fit_predict(X)
```

系统聚类：

```
y_pred= sklearn.cluster.AgglomerativeClustering(
    affinity='euclidean',linkage='ward',n_clusters=2).fit_predict(X)
```

系统聚类的函数是 AgglomerativeClustering()，最重要的参数是这 3 个：n_clusters 聚类数目，affinity 样本距离的定义，linkage 类间距离的定义（连接规则）。

通过相同的数据，我们使用系统聚类与 K-Means 算法效果作对比。一般而言，系统聚类使用欧几里德距离（affinity='euclidean'）和离差平方和法（linkage='ward'）效果最好。代码见代码清单 8-2，实验结果见图 8-4。

代码清单 8-2 系统聚类实验

```
# -*- coding:utf-8 -*-
# 系统聚类实验

import numpy as np
import matplotlib.pyplot as plt

from sklearn.cluster import AgglomerativeClustering
from sklearn.datasets import make_blobs

plt.figure(figsize=(12, 12))

# 选取样本数量
n_samples = 1500
# 选取随机因子
random_state = 170
# 获取数据集
X, y = make_blobs(n_samples=n_samples, random_state=random_state)

# 聚类数量不正确时的效果
y_pred = AgglomerativeClustering(affinity='euclidean',linkage='ward',n_clusters=
2).fit_predict(X)
# 选取欧几里德距离和离差平均和法

plt.subplot(221)
plt.scatter(X[y_pred==0][:, 0], X[y_pred==0][:, 1], marker='x',color='b')
plt.scatter(X[y_pred==1][:, 0], X[y_pred==1][:, 1], marker='+',color='r')
plt.title("Incorrect Number of Blobs")
```

```
# 聚类数量正确时的效果
y_pred = AgglomerativeClustering(
affinity='euclidean',linkage='ward',n_clusters=3).fit_predict(X)

plt.subplot(222)
plt.scatter(X[y_pred==0][:, 0], X[y_pred==0][:, 1], marker='x',color='b')
plt.scatter(X[y_pred==1][:, 0], X[y_pred==1][:, 1], marker='+',color='r')
plt.scatter(X[y_pred==2][:, 0], X[y_pred==2][:, 1], marker='1',color='m')
plt.title("Correct Number of Blobs")

# 类间的方差存在差异的效果
X_varied, y_varied = make_blobs(n_samples=n_samples,
                                cluster_std=[1.0, 2.5, 0.5],
                                random_state=random_state)
y_pred= AgglomerativeClustering(
affinity='euclidean',linkage='ward',n_clusters=3).fit_predict(X_varied)

plt.subplot(223)
plt.scatter(X_varied[y_pred==0][:, 0], X_varied[y_pred==0][:, 1], marker=
'x',color='b')
plt.scatter(X_varied[y_pred==1][:, 0], X_varied[y_pred==1][:, 1], marker=
'+',color='r')
plt.scatter(X_varied[y_pred==2][:, 0], X_varied[y_pred==2][:, 1], marker=
'1',color='m')
plt.title("Unequal Variance")

# 类的规模差异较大的效果
X_filtered = np.vstack((X[y == 0][:500], X[y == 1][:100], X[y == 2][:10]))
y_pred= AgglomerativeClustering(
affinity='euclidean',linkage='ward',n_clusters=3).fit_predict(X_filtered)

plt.subplot(224)
plt.scatter(X_filtered[y_pred==0][:, 0], X_filtered[y_pred==0][:, 1],
marker='x',color='b')
plt.scatter(X_filtered[y_pred==1][:, 0], X_filtered[y_pred==1][:, 1],
marker='+',color='r')
plt.scatter(X_filtered[y_pred==2][:, 0], X_filtered[y_pred==2][:, 1],
marker='1',color='m')
plt.title("Unevenly Sized Blobs")

plt.show()
```

---

* 代码详见：示例程序 /code/8-2.py

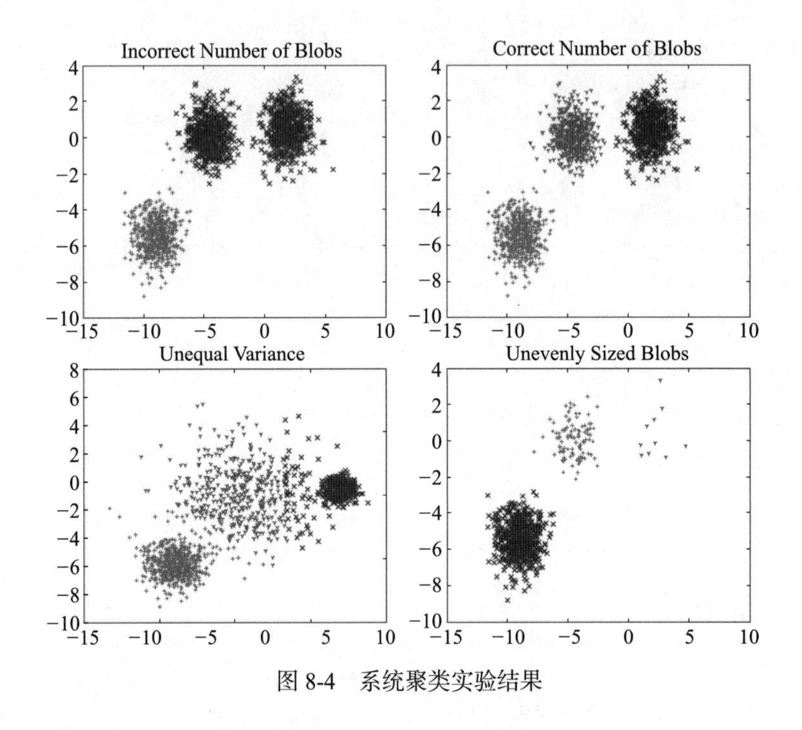

图 8-4 系统聚类实验结果

从实验结果分析，系统聚类的结果比 K-Means 的聚类效果要好，在 Incorrect Number of Blobs 和 Unequal Variance 这两个实验尤为明显。从算法上分析，K-Means 需要随机选择类的初始中心，给算法带来一定的不稳定性，比起 K-Means 的迭代算法，系统聚类算法更为严谨，每一步合并都是贪心的。算法都是时间、空间和效果的权衡。系统聚类算法虽然效果很好，但是时间复杂度很高，而 K-Means 算法的时间复杂度是接近线性的，换言之，K-Means 算法用一定的误差换来了大量的时间。K-Means 算法的误差是可以接受的，所以大数据上我们大多选取 K-Means 算法。

8.3 DBSCAN 聚类算法

DBSCAN(Density-Based Spatial Clustering of Applications with Noise) 是一个有代表性的密度聚类算法。它将类定义为密度相连的点的最大集合，通过在样本空间中不断寻找最大集合从而完成聚类。该算法能在带噪声的样本空间中发现任意形状的聚类并排除噪声。

1. 算法原理

首先我们将列出 DBSCAN 算法涉及的基本定义，如表 8-3 所示。

表 8-3 DBSCAN 算法基本定义

ε 邻域	给定对象半径 ε 内的区域称为该样本点的 ε 邻域
核心对象	如果给定对象 ε 邻域内的样本点数大于设定的 MinPts，则称该对象为核心对象
直接密度可达	给定对象集合 D，如果对象 p 在对象 q 的 ε 邻域内，且 p 是 D 的一个核心对象，则称对象 p 从对象 q 出发是直接密度可达的
密度可达	给定对象集合 D，如果存在一个对象链 p_1，p_2，…，p_n，p_1=q，p_n=p，$\forall p_i \in D(1 \leqslant i \leqslant n-1)$ 都有 p_i+1 与 p_i 是直接密度可达的，则称对象 p 从对象 q 出发是密度可达的
密度相连	如果存在对象 $o \in D$ 使得对象 p 和对象 q 都是从 o 出发密度可达的，则称对象 p 从对象 q 出发是密度相连的

可以发现，密度可达是直接密度可达的传递闭包，并且这种关系是非对称的。只有核心对象之间相互密度可达。而密度相连是对称关系。DBSCAN 算法的目的是找到所有相互密度相连对象的最大集合。DBSCAN 算法基于这样一个事实：一个聚类可以由其中的任何核心对象唯一确定。等价表述可以为：任一核心对象 q，对象集合 D 中所有从 q 密度可达的对象所组成的集合构成了一个完整的聚类 C 且 $q \in C_q$。所以我们只需要对所有核心对象 q 使用深度搜索找出全部 C 即可。

整个算法的具体聚类过程如下：

1）定义半径 ε 和 *MinPts*。

2）从对象集合 D 中抽取未被访问过的样本点 q。

3）检验该样本点是否为核心对象，如果是则进入步骤 4），否则返回步骤 2）。

4）找出该样本点所有从该点密度可达的对象，构成聚类 C_q。注意构成的聚类 C_q 的边界对象都是非核心对象（否则将继续进行深度搜索）以及在此过程中所有被访问过的对象都会被标记为已被访问。

5）如果全部样本点都已被访问，则结束算法，否则返回步骤 2）。

DBSCAN 算法能够过滤低密度区域，发现稠密样本点。系统聚类一般会产生凸形聚类，而 DBSCAN 算法可以发现任意形状的聚类。而与 K-Means 算法比，DBSCAN 算法不需要指定划分的聚类个数，算法能够返回这个信息。DBSCAN 还有一个很大的优点是它可以过滤噪声。从时间复杂度分析，DBSCAN 的时间复杂度是 $O(n\log n)$，比系统聚类 $O(n^3)$ 好很多，比 K-Means 的 $O(nkt)$ 稍差。DBSCAN 的时间复杂度在大数据下是有可行性的，如果我们难以预知聚类数量，我们应该放弃 K-Means 而选择 DBSCAN。

2. Python 实现

我们还是利用 scikit-learn 中已经封装好的 DBSCAN 算法，设置 DBSCAN 分类器格式如下：

```
clf  =  sklearn.cluster.DBSCAN(eps=0.3, min_samples=10)
```

如算法原理所述，我们需要设定两个参数：ε 和 $MinPts$。这两个参数需要根据我们的经验，或根据多次实验进行调整。代码清单 8-3 给出了使用此算法的一个示例。其效果图如 8-5 所示。

代码清单 8-3 DBSCAN 聚类实验

```
# -*- coding:utf-8 -*-
# 密度聚类模型
import numpy as np
from sklearn.cluster import DBSCAN
from sklearn import metrics
from sklearn.datasets.samples_generator import make_blobs
from sklearn.preprocessing import StandardScaler
##############################################################################

# 获取make_blobs数据
centers = [[1, 1], [-1, -1], [1, -1]]
X, labels_true = make_blobs(n_samples=750, centers=centers, cluster_std=0.4,
                            random_state=0)
# 数据预处理
X = StandardScaler().fit_transform(X)

##############################################################################
# 执行DBSCAN算法
db = DBSCAN(eps=0.3, min_samples=10).fit(X)
core_samples_mask = np.zeros_like(db.labels_, dtype=bool)
# 标记核心对象，后面作图需要用到
core_samples_mask[db.core_sample_indices_] = True
# 算法得出的聚类标签，-1代表样本点是噪声点，其余值表示样本点所属的类
```

```
labels = db.labels_

# 获取聚类数量
n_clusters_ = len(set(labels)) - (1 if -1 in labels else 0)

# 输出算法性能的信息
print('Estimated number of clusters: %d' % n_clusters_)
print("Homogeneity: %0.3f" % metrics.homogeneity_score(labels_true, labels))
print("Completeness: %0.3f" % metrics.completeness_score(labels_true, labels))
print("V-measure: %0.3f" % metrics.v_measure_score(labels_true, labels))
print("Adjusted Rand Index: %0.3f"
      % metrics.adjusted_rand_score(labels_true, labels))
print("Adjusted Mutual Information: %0.3f"
      % metrics.adjusted_mutual_info_score(labels_true, labels))
print("Silhouette Coefficient: %0.3f"
      % metrics.silhouette_score(X, labels))

##############################################################################
# 绘图
import matplotlib.pyplot as plt

# 黑色用作标记噪声点
unique_labels = set(labels)
colors = plt.cm.Spectral(np.linspace(0, 1, len(unique_labels)))

i = -1
# 标记样式,x表示噪声点
marker = ['v','^','o','x']
for k, col in zip(unique_labels, colors):
    if k == -1:
        # 黑色表示标记噪声点
        col = 'k'

    class_member_mask = (labels == k)

    i += 1
    if (i>=len(unique_labels)):
        i = 0

    # 绘制核心对象
    xy = X[class_member_mask & core_samples_mask]
    plt.plot(xy[:, 0], xy[:, 1], marker[i], markerfacecolor=col,
            markeredgecolor='k', markersize=14)
```

```
    # 绘制非核心对象
    xy = X[class_member_mask & ~core_samples_mask]
    plt.plot(xy[:, 0], xy[:, 1], marker[i], markerfacecolor=col,
            markeredgecolor='k', markersize=6)

plt.title('Estimated number of clusters: %d' % n_clusters_)
plt.show()
```

* 代码详见：示例程序 /code/8-3.py

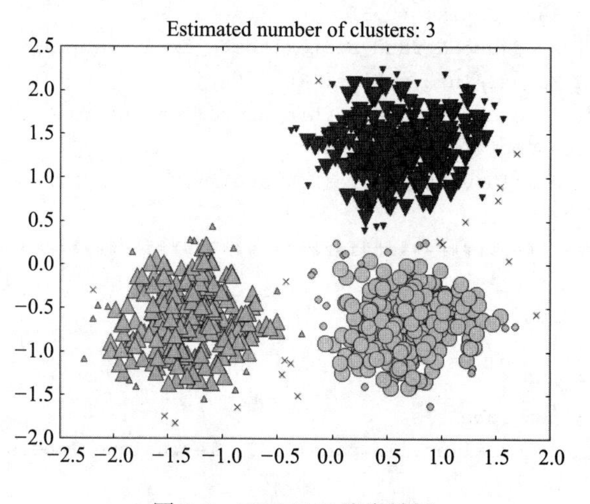

图 8-5 DBSCAN 聚类效果

分析图 8-5，DBSCAN 算法能够很好地去除噪声，聚类效果也比较理想。图中较大的样本点是核心对象，较小的样本点是非核心对象，以非核心对象为界的思想能够较好地划分类。借助 scikit-learn 模块我们能够轻松使用各种聚类算法，但我们必须了解算法背后的原理，知道如何调节算法的参数，这样才会取得好的聚类效果。

8.4 上机实验

1. 实验目的

- ❑ 掌握 K-Means 算法原理。
- ❑ 掌握使用 Python 的 scikit-learn 模块进行聚类分析。

2. 实验内容

实验一

编程实现 K-Means 算法，要求输入参数至少有 2 个：样本数据 X（支持多维数据）和聚类个数 n_clusters。输出参数至少有 2 个：每个类的中 centers 和样本数据的分类标签 labels.

实验二

使用聚类实现对手写数字识别。数据集采用 scikit-learn 模块的 digits 数据集，在 6.5 节我们曾使用 SVM 算法对其进行分类，而本实验要求使用聚类算法对数据进行分类。读者可以借助 scikit-learn 封装好的聚类函数，也可以使用实验一中自己实现的聚类算法。建议读者使用 K-Means 算法和系统聚类算法并进行算法性能的对比。

3. 实验步骤提示

实验二

1）导入 digits 数据集：

```
from sklearn.datasets import load_digits
digits = load_digits()
```

2）数据正则化，将数据的范围限制在 [0,1]。这步不是必须的，但会提升聚类效果。

```
data = scale(digits.data)
```

3）进行聚类，得到聚类后的数据标签。

4）算法性能分析，可从运行时间和聚类效果去评价算法。Python 的 time 模块中有函数 time.time() 可获取当前时间，将算法运行前和运行后的时间做差便可得到算法的运行时间。而评价聚类效果的方法有多种，例如对比预测标签和数据标签，得出聚类的正确率。scikit-learn 的 metrics[⊖]模块有多种评价聚类效果的指标，读者可作参考。

⊖ http://scikit-learn.org/stable/modules/classes.html#sklearn-metrics-metrics

Chapter 9 第9章

关联规则分析

关联规则反映了不同事物之间的关联性，其关系通常表现为一对一或者一对多，关联规则分析则是从事务数据库、关系数据库和其他信息存储中的大量数据的项集之间发现有趣的、频繁出现的模式、关联和相关性。更确切地说，关联规则通过量化的数字描述物品甲的出现对物品乙的出现有多大的影响。它的模式属于描述型模式，发现关联规则的算法属于无监督学习的方法。关联规则分析也是数据挖掘中最活跃的研究方法之一，广泛运用于购物篮数据、生物信息学、医疗诊断、网页挖掘和科学数据分析中。

关联规则分析又被称为购物篮分析，最早是为了发现超市销售数据库中不同的商品之间的关联关系。例如一个超市的经理想要更多地了解顾客的购物习惯，比如“哪组商品可能会在一次购物中同时购买？”或者“某顾客购买了个人电脑，那该顾客三个月后购买数码相机的概率有多大？”他可能会发现购买了面包的顾客同时非常有可能会购买牛奶，这就导出了一条关联规则“面包≥牛奶”，其中面包称为规则的前项，而牛奶称为后项。通过对面包降低售价进行促销，而适当提高牛奶的售价，关联销售出的牛奶就有可能增加超市整体的利润。还有一个最常听到的例子就是著名的“啤酒与尿布”，这个例子也许不是那么真实，但是却能很好地说明关联规则的概念。

关联规则分析是数据挖掘中最活跃的研究方法之一，目的是在一个数据集中找出各项之间的关联关系，而这种关系并没有在数据中直接表示出来。

目前，常用的关联规则分析算法如表 9-1 所示。

表 9-1　常用关联规则算法

算法名称	算法描述
Apriori	关联规则最常用也是最经典的挖掘频繁项集的算法，其核心思想是通过连接产生候选项及其支持度然后通过剪枝生成频繁项集
Eclat 算法	Eclat 算法是一种深度优先算法，采用垂直数据表示形式，在概念格理论的基础上利用基于前缀的等价关系将搜索空间划分为较小的子空间
FP-Tree	针对 Apriori 算法的固有的多次扫描事务数据集的缺陷，提出的不产生候选频繁项集的方法。Apriori 和 FP-Tree 都是寻找频繁项集的算法
灰色关联法	分析和确定各因素之间的影响程度或是若干个子因素（子序列）对主因素（母序列）的贡献度而进行的一种分析方法

这几种方法里，目前在 Python 中实现的效果较好的为 Apriori 算法。本章主要重点介绍 Apriori 算法及其在 Python 中的实现。

9.1　Apriori 关联规则算法

以超市销售数据为例，提取关联规则的最大困难在于当存在很多商品时，可能的商品的组合（规则的前项与后项）的数目会达到一种令人望而却步的程度。因而各种关联规则分析的算法分别从不同方面着手减小可能的搜索空间的大小以及减小扫描数据的次数。Apriori 算法是最经典的挖掘频繁项集的算法，第一次实现了在大数据集上可行的关联规则提取，其核心思想是通过连接产生候选项与其支持度，然后通过剪枝生成频繁项集。

（1）关联规则的一般形式

项集 A、B 同时发生的概率称为关联规则的支持度（也称相对支持度）：

$$Support\ (A \Rightarrow B) = P(A \cap B)$$

项集 A 发生，则项集 B 发生的概率为关联规则的置信度：

$$Confidence\ (A \Rightarrow B) = P(B|A)$$

（2）最小支持度和最小置信度

最小支持度是用户或专家定义地衡量支持度的一个阈值，表示项目集在统计意义上的最低重要性。最小置信度是用户或专家定义地衡量置信度的一个阈值，表示关联规则的最低可靠性。同时满足最小支持度阈值和最小置信度阈值的规则称作强规则。

（3）项集

项集是项的集合。包含 k 个项的项集称为 k 项集，如集合 {牛奶，麦片，糖} 是一个 3 项集。

项集的出现频率是所有包含项集的事务计数，又称作绝对支持度或支持度计数。如果项集 I 的相对支持度满足预定义的最小支持度阈值，则 I 是频繁项集。频繁 k 项集通常记作 L_k。

（4）支持度计数

项集 A 的支持度计数是事务数据集中包含项集 A 的事务个数，简称为项集的频率或计数。

已知项集的支持度计数，则规则 $A \Rightarrow B$ 的支持度和置信度很容易从所有事务计数、项集 A 和项集 $A \cup B$ 的支持度计数推出：

$$Support(A \Rightarrow B) = \frac{A,B\text{同时发生的事务个数}}{\text{所有事务个数}} = \frac{Support-count(A \cap B)}{Total-count(A)}$$

$$Confidence(A \Rightarrow B) = P(B \mid A) = \frac{Support(A \cap B)}{Support(A)} = \frac{Support-count(A \cap B)}{Support-count(A)}$$

也就是说，一旦得到所有事务个数，且 A、B 和 $A \cup B$ 的支持度计数，就可以导出对应的关联规则 $A \Rightarrow B$ 和 $B \Rightarrow A$，并可以检查该规则是否是强规则。

9.2 Apriori 在 Python 中的实现

下面通过餐饮企业中的例子演示 Apriori 在 Python 中的实现。客户在餐厅点餐时，面对菜单中大量的菜品信息，往往无法迅速找到满意的菜品，既增加了点菜的时间，也降低了客户的就餐体验。实际上，菜品的合理搭配是有规律可循的：顾客的饮食习惯、菜品的荤素和口味，有些菜品之间是相互关联的，而有些菜品之间是对立或竞争关系

（负关联），这些规律都隐藏在大量的历史菜单数据中，如果能够通过数据挖掘发现客户点餐的规则，就可以快速识别客户的口味，当他下了某个菜品的订单时推荐相关联的菜品，引导客户消费，提高顾客的就餐体验和餐饮企业的业绩水平。

数据库中部分点餐数据如表 9-2 所示：

首先将表 9-2 中的事务数据（一种特殊类型的记录数据）整理成关联规则模型所需的数据结构，从中抽取 10 个点餐订单作为事务数据集，为方便起见将菜品 {18491，8842，8693，7794，8705} 分别简记为 {a，b，c，d，e}）如表 9-3 所示。

表 9-2　数据库中部分点餐数据

序列	时间	订单号	菜品 id	菜品名称
1	2014/8/21	101	18 491	健康麦香包
2	2014/8/21	101	8 693	香煎葱油饼
3	2014/8/21	101	8 705	翡翠蒸香茜饺
4	2014/8/21	102	8 842	菜心粒咸骨粥
5	2014/8/21	102	7 794	养颜红枣糕
6	2014/8/21	103	8 842	金丝燕麦包
7	2014/8/21	103	8 693	三丝炒河粉
…	…	…	…	…

表 9-3　某餐厅事务数据集

订单号	菜品 id	菜品 id
1	18491, 8693，8705	a，c，e
2	8842,7794	b，d
3	8842，8693	b，c
4	18491，8842，8693，7794	a，b，c，d
5	18491，8842	a，b
6	8842，8693	b，c
7	18491，8842	a，b
8	18491，8842,8693,8705	a，b，c，e
9	18491，8842,8693	a，b，c
10	18491，8693	a，c，e

在 Python 中实现运用 Apriori 算法做关联规则分析的代码如代码清单 9-1 所示。其中，我们自行编写了 Apriori 算法的函数 apriori.py，读者有需要的时候可以直接使用。

使用 Apriori 函数前需要将原始数据转换为 0-1 矩阵，之后设置参数，data 为转换好的 0-1 矩阵，support 为最小支持度，confidence 为最小置信度，ms 为连接符。

代码清单 9-1　Apriori 算法调用代码

```
#-*- coding: utf-8 -*-
#使用Apriori算法挖掘菜品订单的关联规则
from __future__ import print_function
import pandas as pd
from apriori import * #导入自行编写的apriori函数

inputfile = '../data/menu_orders.xls'
outputfile = '../tmp/apriori_rules.xls' #结果文件
```

```
data = pd.read_excel(inputfile, header = None)

print(u'\n 转换原始数据至 0-1 矩阵 ...')
ct = lambda x : pd.Series(1, index = x[pd.notnull(x)]) # 转换 0-1 矩阵的过渡函数
b = map(ct, data.as_matrix()) # 用 map 方式执行
data = pd.DataFrame(list(b)).fillna(0) # 实现矩阵转换，空值用 0 填充
print(u'\n 转换完毕。')
del b # 删除中间变量 b，节省内存

support = 0.2 # 最小支持度
confidence = 0.5 # 最小置信度
ms = '---' # 连接符，默认 "--"，用来区分不同元素，如 A--B。需要保证原始表格中不含有该字符

find_rule(data, support, confidence, ms).to_excel(outputfile) # 保存结果
```

* 代码详见：示例程序 /code/9-1.py

其中，转换出的矩阵为：

```
   a    b    c    d    e
0  1.0  0.0  1.0  0.0  1.0
1  0.0  1.0  0.0  1.0  0.0
2  0.0  1.0  1.0  0.0  0.0
3  1.0  1.0  1.0  1.0  0.0
4  1.0  1.0  0.0  0.0  0.0
5  0.0  1.0  1.0  0.0  0.0
6  1.0  1.0  0.0  0.0  0.0
7  1.0  1.0  1.0  0.0  1.0
8  1.0  1.0  1.0  0.0  0.0
9  1.0  0.0  1.0  0.0  1.0
```

将原始的事务性数据转换为 0-1 矩阵后，Apriori 算法才可以运行。

Python 程序输出的结果如下：

```
正在进行第 1 次搜索 ...
数目：6...

正在进行第 2 次搜索 ...
数目：3...

正在进行第 3 次搜索 ...
数目：0...
```

```
结果为:
                support   confidence
e---a               0.3     1.000000
e---c               0.3     1.000000
c---e---a           0.3     1.000000
a---e---c           0.3     1.000000
a---b               0.5     0.714286
c---a               0.5     0.714286
a---c               0.5     0.714286
c---b               0.5     0.714286
b---a               0.5     0.625000
b---c               0.5     0.625000
b---c---a           0.3     0.600000
a---c---b           0.3     0.600000
a---b---c           0.3     0.600000
a---c---e           0.3     0.600000
```

对输出结果进行解释：如关联规则“a---b　0.5　0.714286”这条，关联规则 a---b 的支持度 support=0.5，置信度 confidence=0.714286。对于餐饮业来说，这条规则意味着客户同时点菜品 a 和 b 的概率是 50%，点了菜品 a，再点菜品 b 的概率是 71.4286%。知道了这些，就可以对顾客进行智能推荐，增加销量同时满足客户需求。

9.3　小结

常用的关联规则算法包括 Apriori、Eclat、FP-Tree 等。本章主要介绍了 Apriori 算法的基本概念，并结合一个例子演示了在 Python 中如何实现 Apriori 算法。Apriori 算法要求先将原始的事务型数据转化为 0-1 矩阵，才可以运行，使用中需要注意这点。最后，对算法输出的结果做出说明解释。

9.4　上机实验

1. 实验目的

- 了解关联分析的常用算法和实际应用。
- 了解关联分析的常用函数。

2. 实验内容

应用 Python 进行关联分析，包括对频繁数据集的探索、关联规则的建立和结果的分析。

- 对于数据集 Income，使用 Apriori 算法建立关联规则。

3. 实验步骤提示

1）获取数据集 Income，查看数据集 Income 的前五个事项，了解数据集的项集以及具体内容。

2）查看 Income 中各个项的支持度，并单独查看项“ age=14-34”和项“ sex=male”的支持度，查看支持度最大的前 10 个项。

3）以最小支持度为 0.1，最小置信度为 0.5 建立 Apriori 关联规则，得到的关联规则记为 rule1；以最小支持度为 0.1，最小置信度为 0.6 建立 Apriori 关联规则，得到的关联规则记为 rule2；以最小支持度为 0.2，最小置信度为 0.5 建立 Apriori 关联规则，得到的关联规则记为 rule3。比较三个关联规则的数目。

4. 思考与实验总结

1）对于不同的数据类型，怎样实现关联规则分析？

2）如何评估关联规则分析的效果？

第 10 章 Chapter 10

智能推荐

信息大爆炸时代来临，用户在面对大量的信息时无法从中迅速获得对自己真正有用的信息。传统的搜索系统，需要用户提供明确需求，从用户提供的需求信息出发，继而给用户展现信息，无法针对不同用户的兴趣爱好提供相应地信息反馈服务。推荐系统，相比于搜索系统，不需要用户提供明确需求，便可以为每一个用户实现个性化的推荐结果，让每个用户更便捷地获取信息。它是根据用户的兴趣特点和购买行为，向用户推荐用户感兴趣的信息和商品。

智能推荐的方法有很多，常见的推荐技术主要分为：基于用户的协同过滤推荐和基于物品的协同过滤推荐。

基于用户的协同过滤的基本思想相当简单，基于用户对物品的偏好找到邻居用户，然后将邻居用户喜欢的推荐给当前用户。计算上，就是将一个用户对所有物品的偏好作为一个向量来计算用户之间的相似度，找到 K 邻居后，根据邻居的相似度权重以及他们对物品的偏好，预测当前用户没有偏好的未涉及物品，计算得到一个排序的物品列表作为推荐。图 10-1 给出了一个例子，对于用户 A，根据用户的历史偏好，这里只计算得到一个邻居用户 C，然后将用户 C 喜欢的物品 D 推荐给用户 A。

基于物品的协同过滤的原理和基于用户的协同过滤的原理类似，只是在计算邻居时采用物品本身，而不是从用户的角度，即基于用户对物品的偏好找到相似的物品，然后根据用户的历史偏好，推荐相似的物品给他。从计算的角度看，就是将所有用户对某个物品的偏好作为一个向量来计算物品之间的相似度，得到物品的相似物品后，根据用户历史的偏好预测当前用户还没有表示偏好的物品，计算得到一个排序的物品列表作为推荐。图 10-2 给出了一个例子，对于物品 A，根据所有用户的历史偏好，喜欢物品 A 的用户都喜欢物品 C，得出物品 A 和物品 C 比较相似，而用户 C 喜欢物品 A，那么可以推断出用户 C 可能也喜欢物品 C。

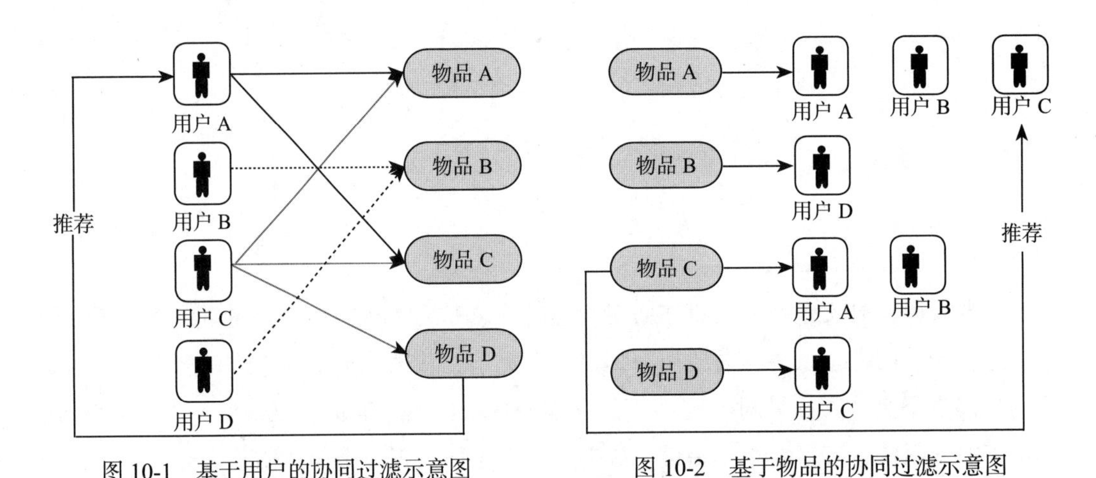

图 10-1 基于用户的协同过滤示意图　　图 10-2 基于物品的协同过滤示意图

10.1 基于用户的协同过滤算法

以电影评分数据为例，实现基于用户的协同过滤算法第一个重要的步骤就是计算用户之间的相似度。而计算相似度，建立相关系数矩阵目前主要分为以下几种方法。

（1）皮尔逊相关系数

皮尔逊相关系数一般用于计算两个定距变量间联系的紧密程度，它的取值在 [-1, +1] 之间。用数学公式表示，皮尔逊相关系数等于两个变量的协方差除于两个变量的标准差。计算公式如下所示：

$$s(X,Y)=\frac{Cov(X,Y)}{\sigma_X\sigma_Y}$$

由于皮尔逊相关系数描述的是两组数据变化移动的趋势，所以在基于用户的协同过滤系统中，经常使用。描述用户购买或评分变化的趋势，若趋势相近则皮尔逊系数趋近于1，也就是我们认为相似的用户。

（2）基于欧几里德距离的相似度

欧几里德距离计算相似度是所有相似度计算里面最简单、最易理解的方法。它以经过人们一致评价的物品为坐标轴，然后将参与评价的人绘制到坐标系上，并计算他们彼此之间的直线距离 $\sum\sqrt{(X_i-Y_i)^2}$ 。计算出来的欧几里德距离是一个大于0的数，为了使其更能体现用户之间的相似度，可以把它规约到 (0, 1] 之间，最终得到如下计算公式：

$$s(X,Y)=\frac{1}{1+\sum\sqrt{(X_i-Y_i)^2}}$$

只要至少有一个共同评分项，就能用欧几里德距离计算相似度。如果没有共同评分项，那么欧几里德距离也就失去了作用。其实照常理，如果没有共同评分项，那么意味着这两个用户或物品根本不相似。

（3）余弦相似度

余弦相似度用向量空间中两个向量夹角的余弦值作为衡量两个个体间差异的大小。余弦相似度更加注重两个向量在方向上的差异，而非在距离或长度上。计算公式如下所示：

$$s(X,Y)=\cos\theta=\frac{\vec{x}*\vec{y}}{\|x\|*\|y\|}$$

从图10-3可以看出距离度量衡量的是空间各点间的绝对距离，跟各个点所在的位置坐标（即个体特征维度的数值）直接相关；而余弦相似度衡量的是空间向量的夹角，更加注重的是体现在方向上的差异，而不是位置。如果保持 X 点的位置不变，Y 点朝原方向远离坐标轴原点，那么这个时候余弦相似度是保持不变的，因为夹角不变，而 X、Y 两点的距离显然在发生改变，这就是欧氏距离和余弦相似度的不同之处。

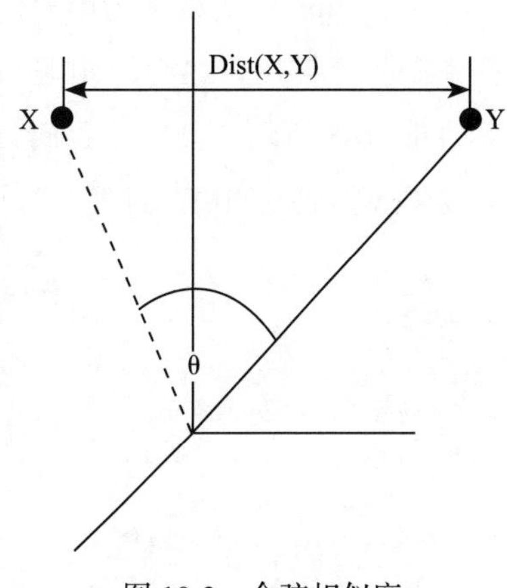

图 10-3 余弦相似度

基于用户的协同过滤算法，另一个重要的步骤就

是计算用户 u 对未评分商品的预测分值。首先根据上一步中的相似度计算，寻找用户 u 的邻居集 $N \in$ U，其中 N 表示邻居集，U 表示用户集。然后，结合用户评分数据集，预测用户 u 对项 i 的评分，计算公式如下所示：

$$p_{u,i} = \bar{r} + \frac{\sum_{u' \subset N} s(u-u')\left(r_{u',i} - \bar{r}_{u'}\right)}{\sqrt{\sum_{u' \subset N} \left|s(u-u')\right|}}$$

其中，$s(u\text{-}u')$ 表示用户 u 和用户 u' 的相似度。

最后，基于对未评分商品的预测分值排序，得到推荐商品列表。

10.2 基于用户的协同过滤算法在 Python 中的实现

下面通过个性化的电影推荐的例子演示基于用户的协同过滤算法在 Python 中的实现。现在影视已经成为大众在喜爱的休闲娱乐的方式之一，合理的个性化电影推荐一方面能够促进电影行业的发展，另一方面也可以让大众在数量众多的电影中迅速得到自己想要的电影，从而做到两全齐美。甚至更进一步，可以明确市场走向、对后续电影的类型导向等起到重要作用。

现有的部分电影评分数据如表 10-1 所示：

表 10-1 脱敏后的电影评分数据

用户 ID	电影 ID	电影评分	时间标签
1	1	5	874965758
1	2	3	876893171
1	3	4	878542960
1	4	3	876893119
1	5	3	889751712
1	6	4	875071561
1	7	1	875072484
…	…	…	…

在 Python 中实现基于用户的协同过滤推荐系统首先需要计算用户之间的相关系数。实现代码如代码清单 10-1 所示。其中，我们自行编写了基于用户的皮尔逊相似度的协同过滤算法函数 recommender.py，以方便读者参考。

代码清单 10-1 协同过滤算法函数

```
#-*- coding: utf-8 -*-
import numpy as np
import pandas as pd
import math
def prediction(df,userdf,Nn=15):#Nn 邻居个数
    corr=df.T.corr();
```

```
    rats=userdf.copy()
    for usrid in userdf.index:
        dfnull=df.loc[usrid][df.loc[usrid].isnull()]
        usrv=df.loc[usrid].mean()#评价平均值
        for i in range(len(dfnull)):
            nft=(df[dfnull.index[i]]).notnull()
            #获取邻居列表
            if(Nn<=len(nft)):
                nlist=df[dfnull.index[i]][nft][:Nn]
            else:
                nlist=df[dfnull.index[i]][nft][:len(nft)]
            nlist=nlist[corr.loc[usrid,nlist.index].notnull()]
            nratsum=0
            corsum=0
            if(0!=nlist.size):
                nv=df.loc[nlist.index,:].T.mean()#邻居评价平均值
                for index in nlist.index:
                    ncor=corr.loc[usrid,index]
                    nratsum+=ncor*(df[dfnull.index[i]][index]-nv[index])
                    corsum+=abs(ncor)
                if(corsum!=0):
                    rats.at[usrid,dfnull.index[i]]= usrv + nratsum/corsum
                else:
                    rats.at[usrid,dfnull.index[i]]= usrv
            else:
                rats.at[usrid,dfnull.index[i]]= None
    return rats
def recomm(df,userdf,Nn=15,TopN=3):
    ratings=prediction(df,userdf,Nn)#获取预测评分
    recomm=[]#存放推荐结果
    for usrid in userdf.index:
        #获取按NA值获取未评分项
        ratft=userdf.loc[usrid].isnull()
        ratnull=ratings.loc[usrid][ratft]
        #对预测评分进行排序
        if(len(ratnull)>=TopN):
            sortlist=(ratnull.sort_values(ascending=False)).index[:TopN]
        else:
            sortlist=ratnull.sort_values(ascending=False).index[:len(ratnull)]
        recomm.append(sortlist)
    return ratings,recomm
```

---

* 代码详见：示例程序 /code/recommender.py

将原始的事务性数据导入 Python 中，因原始数据无字段名，所以首先对相应的字段进行重命名，然后再运行基于用户的协同过滤算法。实现代码如代码清单 10-2 所示。

代码清单 10-2 协同过滤算法实现

```
#-*- coding: utf-8 -*-
# 使用基于 UBCF 算法对电影进行推荐
from __future__ import print_function
import pandas as pd

############    主程序    ###############
if __name__ == "__main__":
    print("\n--------------使用基于 UBCF 算法对电影进行推荐 运行中 ... -----------\n")
    traindata = pd.read_csv('../data/u1.base',sep='\t', header=None,index_col=None)
    testdata = pd.read_csv('../data/u1.test',sep='\t', header=None,index_col=None)
    # 删除时间标签列
    traindata.drop(3,axis=1, inplace=True)
    testdata.drop(3,axis=1, inplace=True)
    # 行与列重新命名
    traindata.rename(columns={0:'userid',1:'movid',2:'rat'}, inplace=True)
    testdata.rename(columns={0:'userid',1:'movid',2:'rat'}, inplace=True)
    traindf=traindata.pivot(index='userid', columns='movid', values='rat')
    testdf=testdata.pivot(index='userid', columns='movid', values='rat')
    traindf.rename(index={i:'usr%d'%(i) for i in traindf.index} , inplace=True)
    traindf.rename(columns={i:'mov%d'%(i) for i in traindf.columns} , inplace=True)
    testdf.rename(index={i:'usr%d'%(i) for i in testdf.index} , inplace=True)
    testdf.rename(columns={i:'mov%d'%(i) for i in testdf.columns} , inplace=True)
    userdf=traindf.loc[testdf.index]
    # 获取预测评分和推荐列表
    trainrats,trainrecomm=recomm(traindf,userdf)
```

* 代码详见：示例程序 /code/10-1.py

Python 程序输出的结果如下：

```
usr1([u'mov1290', u'mov1354', u'mov1678'], dtype='object', name=u'movid'),
usr2([u'mov1491', u'mov1354', u'mov1371'], dtype='object', name=u'movid'),
usr3([u'mov1304', u'mov1621', u'mov1678'], dtype='object', name=u'movid'),
usr4([u'mov1502', u'mov1659', u'mov1304'], dtype='object', name=u'movid'),
usr5([u'mov1304', u'mov1621', u'mov1472'], dtype='object', name=u'movid'),
usr6([u'mov1618', u'mov1671', u'mov1357'], dtype='object', name=u'movid'),
usr7([u'mov1472', u'mov1467', u'mov1374'], dtype='object', name=u'movid'),
```

```
usr8([u'mov1659', u'mov1316', u'mov1494'], dtype='object', name=u'movid'),
usr9([u'mov1621', u'mov1304', u'mov1491'], dtype='object', name=u'movid'),
usr10([u'mov1486', u'mov1494', u'mov437'], dtype='object', name=u'movid'),
usr11([u'mov1659', u'mov1654', u'mov1626'], dtype='object', name=u'movid'),
usr12([u'mov1659', u'mov1618', u'mov1661'], dtype='object', name=u'movid'),
usr13([u'mov1486', u'mov1494', u'mov1662'], dtype='object', name=u'movid'),
usr14([u'mov1661', u'mov1308', u'mov1671'], dtype='object', name=u'movid'),
usr15([u'mov1626', u'mov1671', u'mov1678'], dtype='object', name=u'movid'),
usr16([u'mov1618', u'mov1486', u'mov1494'], dtype='object', name=u'movid'),
usr17([u'mov1316', u'mov1621', u'mov1304'], dtype='object', name=u'movid'),
usr18([u'mov1618',u'mov1654',u'mov1626'], dtype='object', name=u'movid'),
usr19([u'mov1316', u'mov1661', u'mov1275'], dtype='object', name=u'movid'),
usr20([u'mov1659', u'mov1292', u'mov1304'], dtype='object', name=u'movid'),
......
Total: 80000rows
```

对输出结果进行解释：其中最前端格式为“usr+整数”，该字符串代表用户编号，“[]”内的字符串代表三部电影的编号，dtype为类型，name为字段名。整体代表的意思是，根据算法得出对用户usr1推荐他并未看过的三部电影，编号为：mov1290，mov1354，mov1678。

10.3 小结

常用智能推荐算法主要包括基于用户的协同过滤推荐，基于物品的协同过滤推荐。本章主要介绍了基于用户的协同过滤算法，以及基于物品的协同过滤的基本概念，并结合一个例子演示了在Python中如何实现协同过滤算法。最后，对算法输出的结果做出说明解释。

10.4 上机实验

1. 实验目的

- ❑ 加深对智能推荐的常用算法原理的理解。
- ❑ 了解智能推荐的一种常用算法在Python中实现。

2. 实验内容

应用 Python 实现基于物品的协同过滤算法。

- 利用皮尔逊相似度计算方法进行物品相似度计算。
- 基于物品协同过滤算法预测物品评分，然后得出推荐结果。

3. 实验步骤提示

1）输入 K（取 K 个最近邻居）。

2）计算物品之间的相似性，获得物品的相似性矩阵。

3）物品相似性矩阵排序，获得排序号的物品的相似性矩阵。

4）通过 K 个最近邻，计算用户对物品兴趣程度矩阵。

5）通过物品兴趣程度，推荐前 N 个。

4. 思考与实验总结

1）基于用户的协同过滤和基于物品的协同过滤之间区别是什么。

2）两者的优缺点分别是什么，分别适用于什么场景。

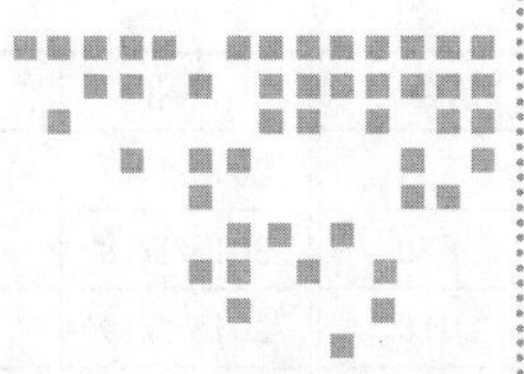

第 11 章 Chapter 11

时间序列分析

常用的时间序列模型见表 11-1，本章以 ARIMA 模型为例介绍时间序列算法在 Python 中是如何实现的。

表 11-1 常用时间序列模型

模型名称	描述
ARIMA 模型	可以实现 AR 模型、MA 模型、ARMA 模型及 ARIMA 模型
GARCH 模型	也称为条件异方差模型，适用于金融时间序列
时间序列分解	时间序列的变化主要受到长期趋势、季节变动、周期变动和不规则变动这四个因素的影响。根据序列的特点，可以构建加法模型和乘法模型
指数平滑法	可以实现简单指数平滑法、Holt 双参数线性指数平滑法和 Winters 线性和季节性指数平滑法

11.1 ARIMA 模型

下面应用 Python 语言建模步骤，对表 11-2 中 2013 年 1 月到 2016 年 1 月某餐厅的营业数据进行建模。

表 11-2 某餐厅的销量数据

日期	销量	日期	销量	日期	销量	日期	销量
2015/1/1	3023	2015/1/3	3 056	2015/1/5	3 188	2015/1/7	3 226
2015/1/2	3 039	2015/1/4	3 138	2015/1/6	3 224	2015/1/8	3 029

（续）

日期	销量	日期	销量	日期	销量	日期	销量
2015/1/9	2 859	2015/1/17	3 339	2015/1/25	3 614	2015/2/2	4 493
2015/1/10	2 870	2015/1/18	3 345	2015/1/26	3 574	2015/2/3	4 560
2015/1/11	2 910	2015/1/19	3 421	2015/1/27	3 635	2015/2/4	4 637
2015/1/12	3 012	2015/1/20	3 443	2015/1/28	3 738	2015/2/5	4 755
2015/1/13	3 142	2015/1/21	3 428	2015/1/29	3 707	2015/2/6	4 817
2015/1/14	3 252	2015/1/22	3 554	2015/1/30	3 827		
2015/1/15	3 342	2015/1/23	3 615	2015/1/31	4 039		
2015/1/16	3 365	2015/1/24	3 646	2015/2/1	4 210		

* 数据详见：示例程序 /data/arima_data.csv

1. 时间序列对象

加载基础库：pandas,numpy,scipy,matplotlib,statsmodels 对其调用如下：

```
import pandas as pd
```

2. 获取数据

从 xls 文件中读取数据，代码见代码清单 11-1：

代码清单 11-1 获取数据

```
# 参数初始化
discfile = '../data/arima_data.xls'

# 读取数据，指定日期列为指标，Pandas 自动将 " 日期 " 列识别为 Datetime 格式
data = pd.read_excel(discfile,index_col=0)
print(data.head())
print('\n Data Types:')
print(data.dtypes)
```

3. 绘制时间序列图

对读取的数据绘制时间序列图，观察图形的特征，代码见代码清单 11-2，所得图形见图 11-1。

代码清单 11-2　绘制时间序列图

```
# 时序图
import matplotlib.pyplot as plt

plt.rcParams['font.sans-serif'] = ['SimHei']        #用来正常显示中文标签
plt.rcParams['axes.unicode_minus'] = False          #用来正常显示负号
data.plot()
plt.show()
```

4. 自相关

对时间序列做自相关图（见图 11-2），判断序列是否自相关，代码见代码清单 11-3：

代码清单 11-3　自相关图

```
# 自相关图
from statsmodels.graphics.tsaplots import plot_acf
plot_acf(data).show()
```

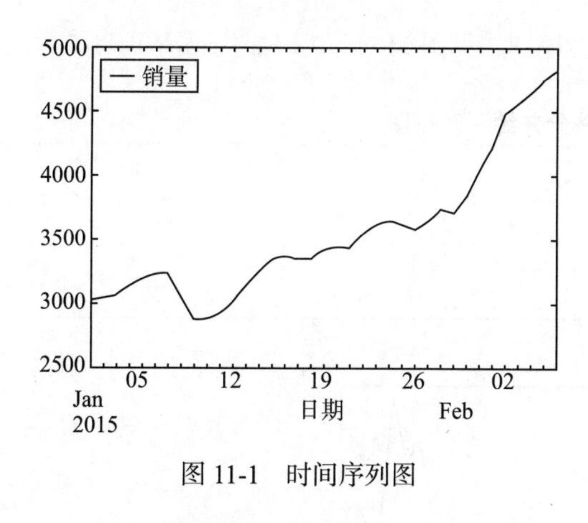

图 11-1　时间序列图

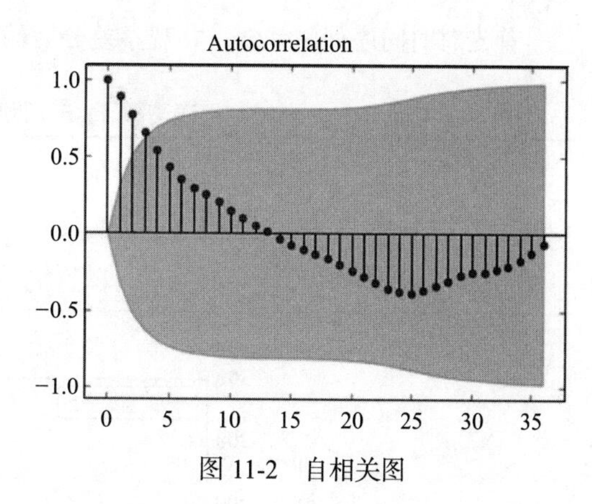

图 11-2　自相关图

由自相关图可以看出，在 4 阶后才落入区间内，并且自相关系数长期大于零，显示出很强的自相关性。

5. 平稳性检验

还需要对时间序列做平稳性检验，代码见代码清单 11-4：

代码清单 11-4 平稳性检验

```
#平稳性检测
from statsmodels.tsa.stattools import adfuller as ADF
print(u'原始序列的ADF检验结果为: ', ADF(data[u'销量']))
#返回值依次为adf、pvalue、usedlag、nobs、critical values、icbest、regresults、resstore
#result:原始序列的ADF检验结果为: (1.8137710150945272, 0.99837594215142644, 10L,
26L, {'5%': -2.9812468047337282, '1%': -3.7112123008648155, '10%': -2.6300945562130176},
299.46989866024177)
```

从返回的结果可以看出检验结果的pvalue即p值显著大于0.05，判断该序列为非平稳序列。

6. 时间序列的差分d

ARIMA模型对时间序列的要求是平稳型。因此，当你得到一个非平稳的时间序列时，首先要做的是时间序列的差分，直到得到一个平稳时间序列。如果你对时间序列做d次差分才能得到一个平稳序列，那么可以使用*ARIMA*(*p*,*d*,*q*)模型，其中*d*是差分次数。

首先对时间序列做差分，并观察差分后的时序图，见图11-3，代码如代码清单11-5：

代码清单 11-5 做差分并绘制时序图

```
D_data = data.diff().dropna()
D_data.columns = [u'销量差分']
D_data.plot() #时序图
plt.show()
```

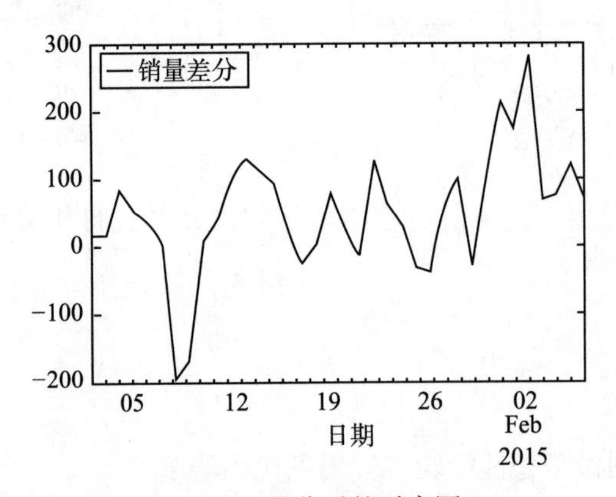

图11-3 差分后的时序图

对差分后的序列做自相关检验，见图 11-4，观察是否自相关，代码如代码清单 11-6：

代码清单 11-6　对序列做自相关检验

```
plot_acf(D_data).show() # 自相关图
```

由图 11-4 可以看出，差分后的序列迅速落入区间内，并呈现出向 0 靠拢的趋势，序列没有自相关性。

对差分后的序列做偏自相关检验，见图 11-5，观察是否偏自相关，代码如代码清单 11-7：

代码清单 11-7　对序列做偏自相关检验

```
from statsmodels.graphics.tsaplots import plot_pacf
plot_pacf(D_data).show() # 偏自相关图
```

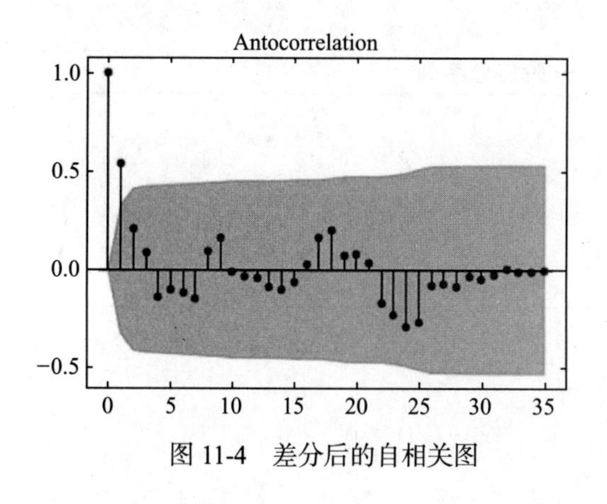

图 11-4　差分后的自相关图

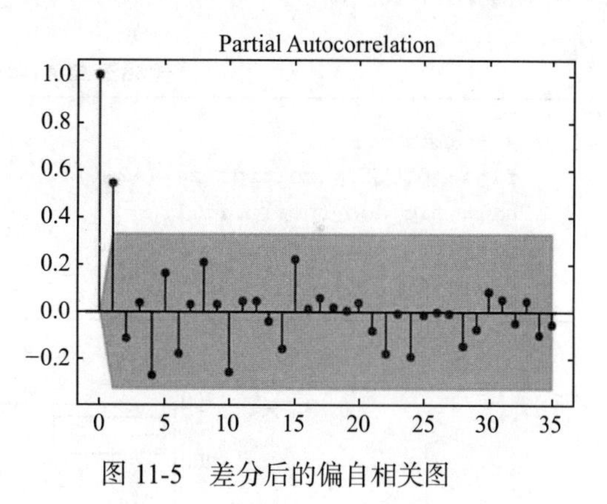

图 11-5　差分后的偏自相关图

由偏自相关图可以看出，差分后的序列也没有显示出偏自相关性。

再对差分后的序列做平稳性检测，代码见代码清单 11-8：

代码清单 11-8　平稳性检测

```
#平稳性检测
print(u'差分序列的ADF检验结果为：', ADF(D_data[u'销量差分']))
#result：差分序列的ADF检验结果为：(-3.1560562366723537, 0.022673435440048798, 0L,
35L, {'5%': -2.9485102040816327, '1%': -3.6327426647230316, '10%':
-2.6130173469387756}, 287.59090907803341)
```

从返回的ADF检验结果得到，p值为0.022673435440048798，小于0.05。

还需要对差分后的序列做白噪声检验，见代码清单11-9：

代码清单 11-9 白噪声检验

```
# 白噪声检验
from statsmodels.stats.diagnostic import acorr_ljungbox
print(u'差分序列的白噪声检验结果为：', acorr_ljungbox(D_data, lags=1))
# 返回统计量和p值
#result:差分序列的白噪声检验结果为：(array([ 11.30402222]), array([ 0.00077339]))
```

从得到的白噪声检验结果可以看出，检验的p值为0.00077339，小于0.05，不通过白噪声检验，序列为非白噪声序列。

接下来我们比较下一阶差分后的序列和二阶差分后的序列，一阶差分序列的代码见代码清单11-10：

代码清单 11-10 一阶差分序列

```
# 一阶差分
fig = plt.figure(figsize=(12,8))
ax1= fig.add_subplot(111)
diff1 = data.diff(1)
diff1.plot(ax=ax1)
```

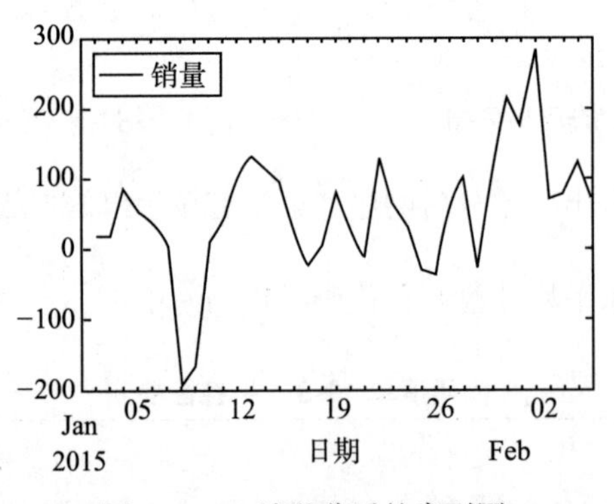

图 11-6 一阶差分后的序列图

一阶差分的时间序列的均值和方差已经基本平稳，不过我们还是可以比较一下二阶差分的效果，二阶差分的代码见代码清单11-11：

代码清单 11-11　二阶差分序列

```
# 二阶差分
fig = plt.figure(figsize=(12,8))
ax2= fig.add_subplot(111)
diff2 = dta.diff(2)
diff2.plot(ax=ax2)
```

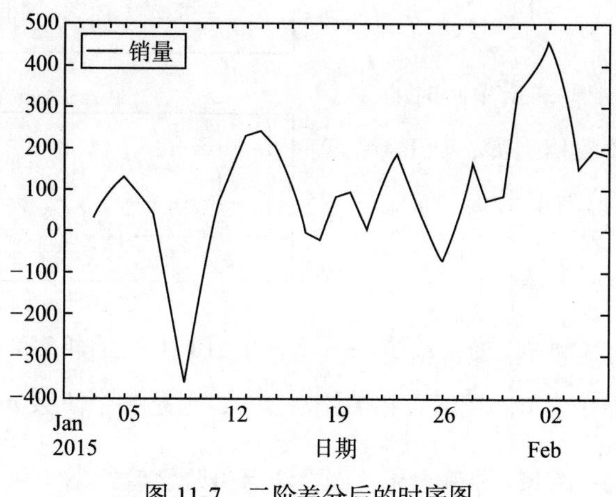

图 11-7　二阶差分后的时序图

可以看出二阶差分后的时间序列与一阶差分相差不大，并且二者随着时间推移，时间序列的均值和方差保持不变。因此可以将差分次数 d 设置为 1。

7. 合适的 p,q

现在我们已经得到一个平稳的时间序列，接下来就是选择合适的 ARIMA 模型，即 ARIMA 模型中合适的 p,q。

第一步我们要先检查平稳时间序列的自相关图和偏自相关图，代码见代码清单 11-12。

代码清单 11-12　模型定阶

```
# 合适的 p,q
dta = data.diff(1)[1:]
fig = plt.figure(figsize=(12,8))
ax1=fig.add_subplot(211)
fig1 = sm.graphics.tsa.plot_acf(dta[u'销量'],lags=10,ax=ax1)
ax2 = fig.add_subplot(212)
```

```
fig2 = sm.graphics.tsa.plot_pacf(dta[u'销量'],lags=10,ax=ax2)
```

其中 lags 表示滞后的阶数，以上分别得到 acf 图和 pacf 图，见图 11-8：

通过两图观察得到：

1）自相关图显示滞后有两个阶超出了置信边界。

2）偏相关图显示在滞后 1 阶时的偏自相关系数超出了置信边界，从 lag 1 之后偏自相关系数值缩小至 0。

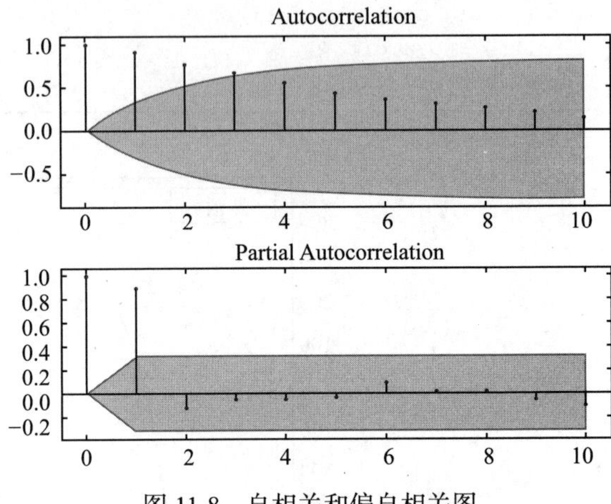

图 11-8 自相关和偏自相关图

则有以下模型可以供选择：

1）ARMA（0,2）模型：即自相关图在滞后 2 阶之后缩小为 0，且偏自相关缩小至 0，则是一个阶数 q=2 的移动平均模型。

2）ARMA（1,0）模型：即偏自相关图在滞后 1 阶之后缩小为 0，且自相关缩小至 0，则是一个阶数 p=1 的自回归模型。

3）ARMA（0,1）模型：即自相关图在滞后 1 阶之后缩小为 0，且偏自相关缩小至 0，则是一个阶数 q=1 的自回归模型。

现在有以上这么多可供选择的模型，我们通常采用 ARMA 模型的 AIC 法则。我们知道：增加自由参数的数目提高了拟合的优良性，AIC 鼓励数据拟合的优良性，但是应尽量避免出现过度拟合（Overfitting）的情况。所以优先考虑的模型应是 AIC 值最小的那一个。赤池信息准则的方法是寻找可以最好地解释数据但包含最少自由参数的模型。不仅仅包括 AIC 准则，目前选择模型常用如下准则：

1）$AIC=-2\ln(L)+2k$ 中文名字：赤池信息量 Akaike Information Criterion

2）$BIC=-2\ln(L)+\ln(n)*k$ 中文名字：贝叶斯信息量 Bayesian Information Criterion

3）$HQ=-2\ln(L)+\ln(\ln(n))*k$ Hannan-Quinn Criterion

构造这些统计量所遵循的统计思想是一致的，就是在考虑拟合残差的同时，依自变量个数施加“惩罚”。但要注意的是，这些准则不能说明某一个模型的精确度，也就是说，对于三个模型A、B、C，我们能够判断出C模型是最好的，但不能保证C模型能够很好地刻画数据，因为有可能三个模型都是糟糕的。

对三个模型分别做AIC、BIC、HQ统计量检验，代码见代码清单11-13。

代码清单 11-13　AIC、BIC、HQ、统计量检验

```
#模型
arma_mod20 = sm.tsa.ARMA(dta,(2,0)).fit()
print(arma_mod20.aic,arma_mod20.bic,arma_mod20.hqic)
arma_mod01 = sm.tsa.ARMA(dta,(0,1)).fit()
print(arma_mod01.aic,arma_mod01.bic,arma_mod01.hqic)
arma_mod10 = sm.tsa.ARMA(dta,(1,0)).fit()
print(arma_mod10.aic,arma_mod10.bic,arma_mod10.hqic)
#result:
print(arma_mod20.aic,arma_mod20.bic,arma_mod20.hqic)
420.440748036 426.77482379 422.651510127
print(arma_mod01.aic,arma_mod01.bic,arma_mod01.hqic)
417.759525387 422.510082203 419.417596956
print(arma_mod10.aic,arma_mod10.bic,arma_mod10.hqic)
418.877719334 423.628276149 420.535790902
```

对比3个模型，可以看到ARMA(0,1)的aic、bic、hqic均最小，因此是最佳模型。

8. 模型检验

对于选择的模型，观察ARIMA模型的残差是否是平均值为0且方差为常数（服从零均值、方差不变的正态分布），同时也要观察连续残差是否（自）相关。

首先使用QQ图，它用于直观验证一组数据是否来自某个分布，或者验证某两组数据是否来自同一（族）分布。在教学和软件中常用的是检验数据是否来自于正态分布，代码见代码清单11-14，其效果图如图11-9所示。

代码清单 11-14　残差QQ图

```
#残差QQ图
resid = arma_mod01.resid
fig = plt.figure(figsize=(12,8))
ax = fig.add_subplot(111)
fig = qqplot(resid, line='q', ax=ax, fit=True)
```

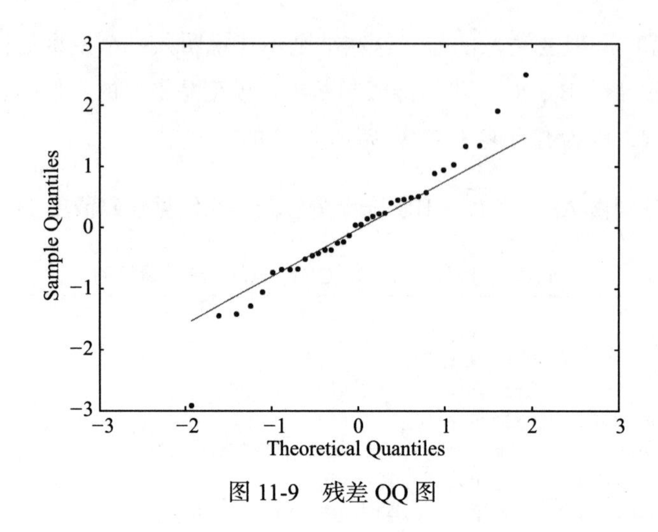

图 11-9 残差 QQ 图

我们对 ARMA（0，1）模型所产生的残差做自相关图，代码见代码清单 11-15，其效果图如图 11-10 所示。

代码清单 11-15 残差自相关检验

```
# 残差自相关检验
fig = plt.figure(figsize=(12,8))
ax1 = fig.add_subplot(211)
fig = sm.graphics.tsa.plot_acf(arma_mod01.resid.values.squeeze(), lags=10, ax=ax1)
ax2 = fig.add_subplot(212)
fig = sm.graphics.tsa.plot_pacf(arma_mod01.resid, lags=10, ax=ax2)
```

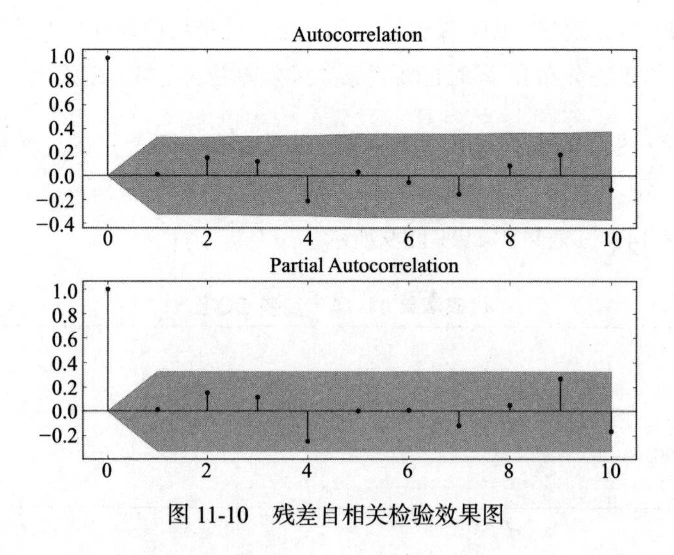

图 11-10 残差自相关检验效果图

还需要对残差做 D-W 检验。

德宾 – 沃森（Durbin-Watson）检验，简称 D-W 检验，是目前检验自相关性最常用的方法，但它只适用于检验一阶自相关性。因为自相关系数 ρ 的值介于 -1 和 1 之间，所以 $0 \leqslant DW \leqslant 4$。并且

$DW = 0 => \rho = 1$　　即存在正自相关性

$DW = 4 <=> \rho = -1$　　即存在负自相关性

$DW = 2 <=> \rho = 0$　　即不存在（一阶）自相关性

因此，当 DW 值显著的接近于 0 或 4 时，则存在自相关性，而接近于 2 时，则不存在（一阶）自相关性。这样只要知道 D W统计量的概率分布，在给定的显著水平下，根据临界值的位置就可以对原假设进行检验。代码见代码清单 11-16。

代码清单 11-16　D-W 检验

```
#D-W 检验
print(sm.stats.durbin_watson(arma_mod01.resid.values))
#result:1.95414900233
```

检验结果是 1.95414900233，说明不存在自相关性。

最后还需要对残差做 Ljung-Box 检验。

Ljung-Box 检验是对随机性的检验，或者说是对时间序列是否存在滞后相关的一种统计检验。对于滞后相关的检验，我们常常采用的方法还包括计算 ACF 和 PCAF 并观察其图像，但是无论是 ACF 还是 PACF 都仅仅考虑是否存在某一特定滞后阶数的相关。LB 检验则是基于一系列滞后阶数，判断序列总体的相关性或者随机性是否存在。

时间序列中一个最基本的模型就是高斯白噪声序列。而对于 ARIMA 模型，其残差被假定为高斯白噪声序列，所以当我们用 ARIMA 模型去拟合数据时，拟合后我们要对残差的估计序列进行 LB 检验，判断其是否是高斯白噪声，如果不是，那么就说明 ARIMA 模型也许并不是一个适合样本的模型。

对残差做 Ljung-Box 检验的代码见代码清单 11-17。

代码清单 11-17 Ljung-Box 检验

```
# Ljung-Box 检验
import numpy as np
r,q,p = sm.tsa.acf(resid.values.squeeze(), qstat=True)
datap = np.c_[range(1,36), r[1:], q, p]
table = pd.DataFrame(datap, columns=['lag', "AC", "Q", "Prob(>Q)"])
print(table.set_index('lag'))
#result:
             AC          Q  Prob(>Q)
lag
1.0    0.009994   0.003904  0.950179
2.0    0.151097   0.922489  0.630498
3.0    0.119392   1.513404  0.679180
4.0   -0.212564   3.445002  0.486290
5.0    0.034075   3.496239  0.623957
6.0   -0.053349   3.626021  0.727135
7.0   -0.157088   4.790085  0.685562
8.0    0.082868   5.125590  0.744072
9.0    0.180436   6.775153  0.660516
10.0  -0.119683   7.528822  0.674754
11.0   0.051306   7.672864  0.742274
12.0  -0.062678   7.896792  0.793143
13.0  -0.020659   7.922177  0.848633
14.0  -0.078650   8.306822  0.872737
15.0  -0.024755   8.346742  0.909130
16.0   0.001821   8.346969  0.937859
17.0   0.081164   8.821276  0.945702
18.0   0.181184  11.316173  0.880461
19.0  -0.036607  11.424010  0.908751
20.0   0.049095  11.630091  0.928220
21.0   0.095998  12.470556  0.926035
22.0  -0.186408  15.865930  0.822484
23.0  -0.066136  16.326203  0.840953
24.0  -0.160985  19.280651  0.736861
25.0  -0.218461  25.215923  0.450326
26.0   0.054818  25.627015  0.483747
27.0  -0.067221  26.313862  0.501239
28.0  -0.073881  27.247238  0.504816
29.0   0.025513  27.374445  0.551511
30.0  -0.068816  28.454178  0.546382
31.0  -0.001377  28.454697  0.597610
32.0   0.008883  28.481683  0.645347
33.0  -0.015105  28.585729  0.686711
34.0  -0.001370  28.587014  0.730003
35.0  -0.001850  28.591694  0.769544
```

检验的结果就是看最后一列前十二行的检验概率（一般观察滞后 1 ~ 12 阶），如果检验概率小于给定的显著性水平，比如 0.05、0.10 等就拒绝原假设，其原假设是相关系数为零。就结果来看，如果取显著性水平为 0.05，那么相关系数与零没有显著差异，即为白噪声序列。

9. 模型预测

模型确定之后，就可以开始进行预测了，我们对未来 9 日的数据进行预测，代码见代码清单 11-18。

代码清单 11-18 模型预测

```
# 预测
predict_sunspots = arma_mod01.predict('2015-2-07', '2015-2-15', dynamic=True)
fig, ax = plt.subplots(figsize=(12, 8))
print(predict_sunspots)
predict_sunspots[0] += data['2015-02-06':][u' 销量 ']
data=pd.DataFrame(data)
for i in range(len(predict_sunspots)-1):
    predict_sunspots[i+1]=predict_sunspots[i]+predict_sunspots[i+1]
print(predict_sunspots)
ax = data.ix['2015':].plot(ax=ax)
predict_sunspots.plot(ax=ax)
plt.show()
```

* 代码详见：示例程序 /code/11-1.py

所得的时序图如图 11-11 所示。

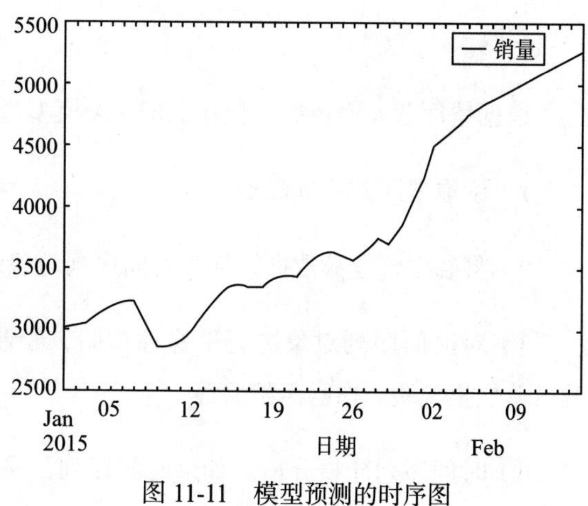

图 11-11 模型预测的时序图

11.2 小结

本章重点介绍了时间序列建模在 Python 语言中的实现过程。通过对本章的学习，应该掌握时间序列的在 Python 中实现的步骤以及每一步骤如何通过 Python 软件实现，从而实现应用时间序列模型预测时间序列将来的走势。

11.3 上机实验

1. 实验目的

- ❑ 掌握时间序列常用算法的建模及预测过程。

2. 实验内容

（1）时间序列平稳性检验

- ❑ 绘制时间序列图、自相关检验、偏自相关检验、单位根检验、白噪声检验。

（2）时间序列建模分析

- ❑ 非平稳时间序列处理、模型识别定阶、残差白噪声检验。

（3）时间序列模型预测

- ❑ 时间序列模型预测及绘制时间序列发展趋势图

3. 实验方法与步骤

实验一

根据餐厅营业额数据，使用 ARIMA 模型进行建模预测半年后餐厅的营业额。

1）读取餐厅营业额数据。

2）将餐厅营业额数据转换为时间序列对象。

3）对时间序列对象进行平稳性检验，绘制时间序列图、自相关检验、偏自相关检验、单位根检验、白噪声检验等。

4）时间序列建模分析。如果时间序列是平稳序列，则可以直接进行 ARIMA 模型定阶，进而对所得模型做残差的白噪声检验。如果是非平稳序列，则需要先进行差分处理。

5）根据时间序列模型预测半年后餐厅的营业额并绘制时间序列发展趋势图。

实验二

根据餐厅营业额数据，使用 HoltWinters 法建模并预测半年后餐厅的营业额。

1）读取餐厅营业额数据。

2）将餐厅营业额数据转换为时间序列对象。

3）对时间序列对象进行分解，画出时间序列的原始值、趋势部分、季节变动部分、随机部分的图形。

4）分析时间序列对象分解图，确定使用指数平滑法的模型。

5）对时间序列对象使用 HoltWinters 进行建模分析，对所得模型做残差的白噪声检验。

6）根据时间序列模型预测半年后餐厅的营业额并绘制时间序列发展趋势图。

4. 思考与实验总结

对一个新的时间序列，如何进行序列的平稳性检验、建模分析以及模型预测。

参考文献

[1] Wes McKinney. 利用 Python 进行数据分析 [M]. 唐学韬，译 . 北京：机械工业出版社，2013.

[2] Peter Harrington. 机器学习实战 [M]. 李锐，李鹏，曲亚东，等译 . 北京：人民邮电出版社，2013.

[3] Mark Lutz. Python 学习手册 [M]. 李军，刘红伟，译 . 北京：机械工业出版社，2011.

[4] Toby Segaran. 集体智慧编程 [M]. 莫映，王开福，译 . 北京：电子工业出版社，2009.

[5] Wesley J.Chun. Python 核心编程 [M]. 宋吉广，译 . 2 版 . 北京：人民邮电出版社，2008.

[6] 张良均，王路，谭立云，等 . Python 数据分析与挖掘实战 [M]. 北京：机械工业出版社，2016.

[7] Magnus Lie Hetland. Python 基础教程 [M]. 司维，曾军崴，谭颖华，译 . 2 版 . 北京：人民邮电出版社，2014.

[8] Hadley Wickham. ggplot2 ：数据分析与图形艺术 [M]. 统计之都，译 . 西安：西安交通大学出版社，2013.

[9] Nathan Yau. 鲜活的数据：数据可视化指南 [M]. 向怡宁，译 . 北京：人民邮电出版社，2012.

[10] 于莉 . 常用的决策树生成算法分析 [J]. 天津市财贸管理干部学院院报，2008，10（2）：19-20.

[11] 王赛芳，戴芳，王万斌 . 基于初始聚类中心化的 K- 均值算法 [J]. 计算机工程与科学，2010，32（10）：105-107.

[12] 何月顺，丁秋林 . 关联规则挖掘技术的研究及应用 [D]. 南京：南京航空航天大学，2010.

[13] 李锦泽，叶晓俊 . 关联规则挖掘算法研究现状 [J]. 计算机技术及应用进展 .2007，p204-208.

[14] 胡瑞飞，王玲，梅筱琴，罗阳 . 基于时序模式挖掘的故障诊断方法 [J]. 数字化制造技术，2010，07 期：1412-1418.

[15] 龚薇，肖辉，曾海泉 . 基于变化点的时间序列近似表示 [J]. 计算机工程与应用，2006，46（10）：169-171.

[16] 潘定，沈钧毅 . 时态数据挖掘的相似性发现技术 [J]. 软件学报，2007，18（2）：246-258.

[17] 项亮 . 推荐系统实践 [M]. 北京：人民邮电出版社，2012.
[18] 任磊，顾君忠 . 推荐系统关键技术研究 [D]. 上海：华东师范大学，2012.
[19] 王国霞，刘贺平 . 个性化推荐系统综述 [J]. 计算机工程与应用，2012，48（7）：66-74.
[20] 刘建国，周涛，汪秉宏 . 个性化推荐系统的研究进展 [J]. 自然科学进展，2009，19（1）：1-15.
[21] 许海玲，吴潇，李晓东，等 . 互联网推荐系统比较研究 [J]. 软件学报，2009，20（2）：350-362.
[22] 李杰，徐勇，王云峰，等 . 面向个性化推荐的强关联规则挖掘 [J]. 系统工程理论与实践，2009，29（8）：144-152.

推荐阅读

Python入门经典：以解决计算问题为导向的Python编程实践

作者：（美）William F. Punch 等 ISBN：978-7-111-39413-6 定价：79.00元

编写高质量代码：改善Python程序的91个建议

作者：张颖 等 ISBN：978-7-111-46704-5 定价：59.00元

Python编程实战：运用设计模式、并发和程序库创建高质量程序

作者：（美）Mark Summerfield ISBN：978-7-111-47394-7 定价：69.00元

树莓派Python编程指南

作者：（美）Alex Bradbury 等 ISBN：978-7-111-48986-3 定价：59.00元

Python学习手册（原书第4版）

作者：(美) Mark Lutz ISBN：978-7-111-32653-3 定价：119.00元

推荐阅读

数据挖掘：实用案例分析

作者：张良均 等 ISBN：978-7-111-42591-5 定价：79.00元

MATLAB数据分析与挖掘实战

作者：张良均 等 ISBN：978-7-111-50435-1 定价：69.00元

R语言数据分析与挖掘实战

作者：张良均 等 ISBN：978-7-111-51604-0 定价：69.00元

Python数据分析与挖掘实战

作者：张良均 等 ISBN：978-7-111-52123-5 定价：69.00元

Hadoop大数据分析与挖掘实战

作者：张良均 等 ISBN：978-7-111-52265-2 定价：69.00元